U0662373

土木建筑大类专业系列新形态教材

中国传统建筑文化概论

陈 新 主编

清華大學出版社
北京

内 容 简 介

本书以五千年中华文明为脉络，从巢居穴处到宫苑楼阁，全面解析中国传统建筑的历史演进、哲学思想与艺术成就。本书共 6 章，涵盖建筑文化起源、地域特征、艺术美学、建筑分类、古今建筑师代表及遗产保护等内容，探讨"天人合一"的营造理念、木构技艺的精妙智慧，以及南北建筑流派的独特风貌。书中融合大量考古发现、文献考证与经典案例，通过徽派青瓦白墙、闽南土楼防御体系、京派四合院礼制格局等实例，揭示建筑背后的人文精神与社会伦理。与此同时，本书注重理论与实践结合，设置复习思考题，融入传统文化解码与当代保护议题，旨在培养读者对中华建筑遗产的文化认同与创新传承意识。

本书适用于建筑学、历史学、文化遗产等专业教学，可作为建筑从业者与文化爱好者的参考读物，助力传统智慧在现代建筑中的创造性转化。

图书在版编目（CIP）数据

中国传统建筑文化概论 / 陈新主编 . -- 北京：清华大学出版社，2025. 8.
（土木建筑大类专业系列新形态教材）-- ISBN 978-7-302-69972-9

Ⅰ. TU-092.2

中国国家版本馆 CIP 数据核字第 2025PV3652 号

责任编辑：杜　晓
封面设计：曹　来
责任校对：郭雅洁
责任印制：曹婉颖

出版发行：清华大学出版社
网　　址：https://www.tup.com.cn，https://www.wqxuetang.com
地　　址：北京清华大学学研大厦 A 座　　　　邮　　编：100084
社 总 机：010-83470000　　　　　　　　　　邮　　购：010-62786544
投稿与读者服务：010-62776969，c-service@tup.tsinghua.edu.cn
质量反馈：010-62772015，zhiliang@tup.tsinghua.edu.cn
课件下载：https://www.tup.com.cn，010-83470410
印 装 者：大厂回族自治县彩虹印刷有限公司
经　　销：全国新华书店
开　　本：185mm×260mm　　　印　张：9.5　　　字　数：191 千字
版　　次：2025 年 8 月第 1 版　　　　　　　印　次：2025 年 8 月第 1 次印刷
定　　价：49.00 元

产品编号：113273-01

前言

　　中国建筑文化是中华文明五千年积淀的璀璨瑰宝，是中华民族智慧与创造力的结晶。从远古的巢居穴处到明清的宫苑楼阁，从北方的四合院到南方的园林，中国传统建筑不仅承载着先民对自然与生活的深刻理解，更映射出哲学思想、艺术审美、社会伦理的深度融合。本书从系统性、多维度的视角，全面梳理了中国建筑文化的历史脉络与核心精神，旨在为读者呈现一幅生动而立体的中华建筑文明画卷。

　　本书共6章，内容层层递进、深入浅出。第一章"中国建筑文化"从宏观视角切入，探讨传统建筑的基本概念、起源与发展历程，揭示"天人合一"的哲学理念如何在建筑布局与空间设计中落地生根。第二章"中国传统建筑的特点"聚焦建筑的文化与地域特征，分析中轴对称、庭院组合等经典范式，以及木构技术、装饰艺术的独特智慧。第三章"中国传统建筑与艺术美学"跨越学科边界，剖析建筑与文学、绘画、文字的互动关系，展现诗词楹联、彩绘雕刻如何赋予建筑以诗意的灵魂。第四章"中国传统建筑分类"以类型学方法解析宫殿、园林、宗庙、民居等建筑形态。从紫禁城的庄重威严到苏州园林的曲径通幽，从黄土窑洞的质朴实用到干栏式住宅的高敞通透，每一类建筑都是自然条件、社会结构与文化信仰的产物。第五章"中国优秀建筑师代表"致敬古今建筑大师，从春秋时期的鲁班到近现代的梁思成、贝聿铭，他们的技艺与思想推动了中国建筑的传承与创新。第六章"中国传统建筑遗产的保护和发展"立足当下，探讨古建筑保护的技术挑战与文化价值，思考传统元素如何融入现代城市肌理，为可持续发展提供启示。

　　本书不仅是一部建筑史论著，更是一部文化解码之书。通过大量考古发现、文献考证与实地案例，我们试图还原古代匠人"因地制宜、就地取材"的营建智慧，解读飞檐斗拱间的礼制密码，探寻民居院落中的伦理秩序。在全球化与城市化浪潮中，重新审视中国传统建筑，不仅是对历史遗产的珍视，而且能为现代人居提供文化根基与创新灵感。希望读者能透过这些凝固的诗篇，感受中华文明生生不息的力量，体悟"建筑即文化"的深刻内涵。

编　者

2025 年 5 月

目 录

第一章　中国建筑文化

第一节　中国传统建筑文化概述

一、中国传统建筑的基本概念

中国传统建筑，是指在中国历史文化背景下形成的建筑形式和风格，是中华民族文化的重要组成部分。中国传统建筑作为中华文明的重要物质载体，其发展历程与中华民族的文明进程相伴相生。自新石器时代先民营建的巢居、穴居与祭祀场所发轫，历经数千年的演变融合，逐步形成兼具实用功能与文化内涵的建筑体系。这一体系以木构技术为核心支撑，衍生出六大主要流派——粉墙黛瓦的徽派建筑、曲径通幽的苏派园林、防御森严的闽派土楼、格局规整的京派四合院、商风蔚然的晋派大院、依山就势的川派民居，各流派在保持中华传统建筑基因的基础上，因地制宜发展出独特的营造技艺与审美范式。

在营建理念层面，"天人合一"的哲学思想贯穿始终。无论是北京紫禁城严整的中轴线序列，还是皖南村落随形就势的山水格局，都暗含着对自然规律的敬畏与顺应。建筑工匠们深谙"因地制宜"的营造法则，黄土高原的窑洞依山而凿，岭南干栏式建筑架空防潮，草原蒙古包拆卸自如，这些因地制宜的创造无不彰显着先民与自然对话的智慧。建筑色彩体系同样蕴含着深邃的文化密码：宫殿建筑的朱红宫墙与金黄琉璃辉映着皇权威严，江南民居的粉墙黛瓦浸染着文人雅趣，闽南建筑的彩瓷剪粘等工艺则跃动着传统文化的斑斓。

从营造技艺层面考察，中国传统建筑呈现出显著的地域适应性特征。在材料应用方面，工匠们创造性地开发出"墙倒屋不塌"的柔性木框架结构，辅以夯土、砖石、竹材等地域性建材，形成多样化的建筑形态。工具演进史可见证营造技术的革新轨迹，从新石器时代的石制工具到铁器时代的成熟木作器具，工具的改良不断推动着建筑精度的提升。这种技术传统在各地域实践中绽放异彩：例如，华北四合院展现礼制空间秩序，江南厅井式民居演绎亲水智慧，西南干栏式建筑适应湿热气候，西北窑洞体现穴居传统，草原蒙古包诠释游牧文明，它们的建筑结构和形式都有着独特之处。这些建筑不仅体现了当地的文化特色，还是当地的重要地标，彰显了当地的独特魅力。

在价值取向上，传统建筑始终秉持"器以载道"的营造理念。在江南水乡，临河而筑的枕水人家通过马头墙防火、天井采风；在西北高原，下沉式窑洞利用黄土特性实现冬暖夏凉；在云贵山地，吊脚楼以轻盈之姿化解陡坡难题。这些看似迥异的建筑形态，实则是营造智慧在不同地理条件下的创造性转化，共同诠释着中华建筑"和而不同"的文化特质。当我们穿行于平遥古城的市楼牌坊，驻足在开平碉楼的穹顶之下，抚摸过傣族竹楼的编织墙面，便能深刻体会到，中国传统建筑既是遮风避雨的物理空间，更是中华文明代代相传的精神家园。

二、中国传统建筑的起源

中国传统建筑的起源可以追溯到史前时期，大约一万年以前，人类进入了新石器时代，随着生产力的持续进步，远古人类逐渐减少了对天然洞穴的依赖，开始尝试构筑自己的居所。据史书记载：

下者为巢，上者为营窟。

——《孟子·滕文公》

上古人类在地势低洼的地方，选择构筑巢穴；在地势较高的地方，则选择挖掘洞穴以作为居所，这是建筑诞生之初最基本的两种形态。巢居即"橧巢"，意为"聚薪柴而居其上"。在长江流域的沼泽地带，人类普遍选择巢居作为主要居住方式，随着巢居技艺的不断演进，以竹木为主要材料的"干栏式建筑"（又叫干阑式）逐渐崭露头角，而建筑节点的连接方式，也由最初的"绑扎法"逐步发展到更加稳固的榫卯结构。榫卯是一种凹凸结合的连接方式，其中，凸出的部分被称为榫，而凹进去的部分被称为卯。榫和卯相互咬合，以实现两个木构件之间的稳固连接。

中国最古老的榫卯木构件，可追溯到距今约 6000 年的河姆渡遗址，这里发现了如凸型方榫、圆榫、双层凸榫、燕尾榫以及企口榫等多种榫卯结构，这些榫卯结构不仅涵盖了如柱、梁等大型结构部件，还包括栏杆、窗户等小型装饰元素。在河姆渡干栏式房屋的建造中，榫卯结构发挥了至关重要的作用。随着中国木构建筑的不断发展，榫卯也成为最主要的构架结合法。据史书记载：

南越巢居，北朔穴居，避寒暑也。

——《博物志》

在北方黄河流域的黄土地带，由于地理环境的特点，穴居成为一种更为普遍的居住方式。穴居在最初的形态上，受到自然洞穴的启发，人类选择在黄土断崖上横向淘挖，构建住所，而在缓坡与平地等无法横向挖掘的地方，一种"下部挖掘，上部构筑"的新型建筑应运而生，经过长期演变，这种穴居建筑最终完成了向地面建筑的转化。

三、中国传统建筑及建筑文化

（一）文化概念的界定

"文化"一词具有双重维度：广义层面是指人类社会实践所创造的物质成果与精神财富的总和，涵盖生产工具、建筑实体等物质文化形态，以及价值观念、制度规范等精神文化体系；狭义层面则特指意识形态领域的文化表征，包括语言符号系统、伦理道德体系、艺术审美范式及民俗传统等非物质文化构成。本书中采用广义文化概念框架，是将物质创造与精神生产纳入统一的文化生态系统进行考察。

（二）中国传统文化的特征

中国传统文化是一种反映民族特质和风貌的民族文化，是历史上各种思想文化、观念形态的总体表征，是居住在中国地域内的中华民族创造的为中华民族世代所继承发展的、具有鲜明民族特色的文化。作为中华文明的核心载体，中国传统文化凝结着独特的民族精神基因。其在历史长河中形成以儒家伦理为中枢，道家自然观、佛家心性论及多元民间信仰为补充的复合型文化体系。该体系通过三个维度建构文化认同：认知层面形成"天人感应"的宇宙观与"中庸和谐"的方法论；价值层面确立"仁义礼智"的道德准则与"家国同构"的伦理秩序；实践层面发展出二十四节气农事体系、科举教育制度及礼乐典章等制度文明。

（三）建筑文化

建筑文化是指一个国家、地区或民族在建筑活动中所体现的精神文化、历史传承、技术创新以及审美价值的总和。建筑文化是人类营造活动的综合体现，凝聚着特定地域、民族在精神追求、历史积淀、技艺传承及审美表达等层面的智慧结晶。其内涵涵盖建筑形制、营造技艺、空间组织三大基础要素，并延伸至建筑与自然环境、社会结构、文化传统间的互动关系。作为文明的物质载体，建筑文化不仅映射着特定时期的生活方式，更承载着历史演进、信仰体系、社会伦理及艺术思潮的多维印记。

中国建筑文化的独特性在于其与哲学体系的深度融合。传统营造活动始终贯穿着"天人合一"的宇宙认知，这一思想通过建筑空间的多重演绎得以具象化：都城规划中的轴线对称布局对应"阴阳平衡"的哲学思辨，园林营造的"借景"手法诠释"万物关联"的自然观，四合院建筑的等级序列体现"礼治天下"的社会伦理。以北京紫禁城为例，其三重台基象征"天、地、人"三才之道，太和殿的九开间规制暗合"九五至尊"的帝王哲学，屋顶形制严格遵循《营造法式》的礼法等级，形成独特的建筑符号系统。

建筑文化的核心价值之一是功能与美学的结合。徽州民居的马头墙在实现防火功能的同时，以错落轮廓勾勒天际韵律；苏州园林的曲廊既组织游览路径，又通过框景手法营造画意空间；晋商大院的砖雕门楼既彰显着财富地位，又以"五福捧寿"等纹样传递伦理教化。这种"器以载道"的营造智慧，使建筑超越物质功能，成为传承文明的精神场域。

第二节　中国传统建筑的发展历史

在建筑史的研究框架下，中国与西方建筑的发展轨迹呈现出显著差异。相较于西方建筑发展过程中经历的中世纪建筑阶段与文艺复兴时期的建筑革新，中国传统建筑的演进呈现出渐进式、连续性而非突变性的特征，这使其与欧洲建筑体系形成了鲜明的对比。

作为具有数千年文明史的东方古国，中国经历了独特的封建社会发展历程，这与欧洲的历史进程形成明显反差。欧洲地区约在 3 世纪才步入封建社会，至 14 世纪出现资本主义萌芽；相比之下，中国在经历夏、商、周三代奴隶制王朝后，于公元前 400 年左右即已进入封建社会，比欧洲早了七个多世纪，而其封建制度的终结则一直延续至近代。以 1911 年清朝覆灭为标志，中国的封建社会持续了长达 2300 余年，这一漫长的历史阶段对中国建筑的发展产生了深远影响。在建筑类型方面，中国古代建筑主要集中于宫殿、官署、寺庙、陵寝及范围等范畴，缺乏对新型建筑的需求，导致数千年来中国建筑在形式与内容上未能实现根本性的突破。从建筑发展特点来看，中国传统建筑大致可分为五个阶段。

一、建筑体系孕育期（原始社会—西周）

原始社会至夏商周时期，人类活动的踪迹在中国境内可追溯至 800 万年前。考古证据显示，浙江河姆渡遗址中发现的干栏式木构建筑及其榫卯技术，展现了我国古代木构建筑的雏形，该遗址距今约 7000 年。此外，仰韶文化遗址中出土的 6000 多年前的半地穴式建筑基址，揭示了先民运用树枝、草料、泥土等天然材料，结合人工挖掘技术，构建了巢穴、窝棚等原始居所。研究数据表明，夏商周时期已形成了系统的土地利用体系，天文历法知识逐步完善，青铜器制作、骨器加工、车驾制造、木工技艺等传统工艺得到传承与发展，并开始营建城垣、水利设施及监狱等公共建筑。通过对商代宫殿、陵寝及祭祀建筑遗存的考察，可发现这一时期已初步形成后世建筑空间布局的基本范式。

二、技术体系形成期（春秋—东汉）

战国时期，中国社会进入封建社会阶段，这一历史性变革推动了工农业、商业和文化的全面发展。随着社会经济的繁荣，城市规模不断扩大，为建筑技术的发展提供了重要契机。这一时期建筑形式呈现多样化特征，高台建筑、空心砖、卯榫结构以及木构架等建筑技艺相继出现，展现出古代工匠的智慧与创造力。公输班的建筑实践与《考工记》的文献记载，均印证了这一时期的建筑特色。

秦始皇统一中国后，建筑技术得到系统总结与深度融合，其标志性工程如秦始皇陵和万里长城的修建，不仅彰显了帝国实力，更推动了建筑技术的创新与发展。至汉代，中国古代建筑技术趋于成熟，木构架技术得到进一步完善，屋顶形式更加丰富多样，砖砌结构也取得显著进展。高台建筑的持续发展，更是见证了中国古代建筑向高空拓展的探索历程。从战国到秦汉，中国古代建筑经历了从初步探索到系统总结，最终形成成熟体系的发展过程，为后世建筑发展奠定了坚实基础。

三、文化融合发展期（三国—南北朝）

三国至南北朝时期是中国历史上一个长达三百余年的特殊阶段，这一时期以频繁的战乱与民族斗争为主要特征，同时也见证了各民族间的深度融合。自"五胡乱华"事件开启的民族大迁徙，到北朝十六国的分裂割据，再到南朝宋齐梁陈的政权更迭，南北对峙的政治格局贯穿始终。在这样的历史背景下，东汉时期传入的佛教得到了空前的普及与发展。战乱动荡的社会环境促使民众寻求精神寄托，佛教以其独特的教义和救世理念赢得了广泛信众。这一时期，各地大量兴建佛寺、佛塔，敦煌、云冈、麦积山、龙门等著名石窟寺相继开凿，形成了规模宏大的佛教建筑群。在佛教文化的深刻影响下，这一时期的建筑艺术达到了新的高度，佛教建筑呈现出第一次发展高潮。同时，佛教思想也渗透到社会生活的其他领域：在丧葬文化方面，盛行薄葬之风，反映了佛教轮回观念的影响；在园林艺术方面，追求精神超脱的佛教趣味使园林风格发生显著转变，呈现出新的美学特征。这一时期的佛教文化发展，不仅体现了宗教与社会的互动关系，也为后世留下了宝贵的文化遗产。

四、营造体系成熟期（隋唐—两宋）

隋唐、两宋时期是中国古代建筑趋于成熟的重要阶段，其发展线索明确，成果辉煌，且留下了大量重要遗存。隋唐时期，随着经济文化的空前繁荣，城市建设得到了显著发展，其中长安城作为当时世界上规模最宏伟、规划最完整的城市，集中体现了这一时期城市建设的成就。唐朝的宫殿建筑更是达到了中国宫殿建筑史的高潮，其规模宏大、造型宏伟、气势磅礴，展现了帝国强盛的气象。

与此同时，佛教建筑在隋唐时期也取得了进一步发展，寺院数量增多，规模扩大，且寺院格局有所变化，反映了佛教在这一时期的广泛传播和深入发展。此外，隋唐时期的雕塑和壁画精美绝伦，建筑形象开朗、生气蓬勃，建筑的形式、结构、材料得到了充分发挥和完美结合，充分展示了建筑艺术与技术的卓越成就。

综上所述，隋唐、两宋时期，尤其是隋唐时期，经济文化的繁荣推动了城市建设和建筑艺术的蓬勃发展，宫殿建筑和佛教建筑均达到了新的高度，建筑艺术和技术的结合也达到了完美境界，成为中国建筑史上的重要里程碑。

五、工艺精细化期（元—清）

关于元至清代的工艺精细化阶段，学界存在多种分歧性观点。部分学者将其定性为发展停滞期或衰退期，另有学者提出相异见解，认为宋代才是衰退阶段，而元明清三代则呈现复兴态势，其意义可与欧洲文艺复兴相提并论。近年研究成果显示，清初建筑突破了宋代纤巧柔弱的艺术特征，重塑了庄重肃穆的建筑风格，这种被称为"乾隆风格"的转变，被视作中国古代建筑史上的重要复兴节点。尽管存在多种对立观点，但从整体发展趋势观察，明清时期的建筑演进确实呈现缓慢态势，同时也不乏创新元素。相较于宋代建筑，元明至清代在建造技术与装饰工艺方面均取得显著进步；在空间布局与单体造型上，也展现出更为端庄稳重的艺术特征，因此这一阶段可界定为工艺精细化期。

中国建筑的发展历程展现出若干显著特征，主要体现在地理与文化形态的多元性、社会结构的单一性、传统的延续性以及木构营造技艺的独特性等方面。从本质而言，深入把握中国文化的精髓是理解古代建筑发展脉络的关键；而唯有对古代建筑发展有深刻认知，才能在建筑设计创作过程中体现民族与时代的深层特质，使当代建筑创作扎根于深厚的历史与民族文化根基之中。

第三节 中国传统建筑的类型

中国传统建筑作为中华文化的重要载体，不仅承载着悠久的历史积淀，更深刻体现了中华民族的哲学思想与艺术审美。在漫长的历史发展过程中，中国传统建筑形成了丰富多样的类型体系，这一特征与中国的自然地理环境、历史文化传统以及社会结构密切相关。从地域分布来看，中国幅员辽阔，各地自然环境差异显著，加之不同地区在文化习俗、宗教信仰等方面的独特性，共同造就了各具特色的建筑类型。这些建筑在形式上既包括传统民居、宗教庙宇，也涵盖官宦府邸、园林建筑等多种类型，展现出多元化的文化特征。从建筑风格和功能来看，中国传统建筑可划分为徽派、苏派、闽派、京派、晋派、川派等六大主要流派，每一流派都蕴含着独特的地域文化特征和艺术表现手法。

一、徽派建筑：青瓦白墙，高墙深院

作为江南民居的典型代表，皖派建筑体系下最具影响力的分支当属徽派建筑。该建筑流派凭借其独树一帜的营造技艺与艺术特征享誉全球，其中民居、祠堂、牌坊并称为"徽州三大古建"，已然成为备受国际关注的文化遗产。在建筑技艺方面，徽派民居以木雕、石雕、砖雕这"三绝"著称，其工艺之精细、构造之严谨令人叹服。建筑布局中，天井作为核心空间被高墙环绕，而错落有致的马头墙不仅具有美学价值，更蕴含了古人的防灾智

慧——在火灾发生时能有效阻隔火势蔓延。徽派建筑在规划设计中充分体现了对自然的尊重，强调天人合一，折射出徽州人对宜居环境的执着追求。其独特的建筑语汇、严谨的空间组织以及精美的雕刻工艺，无不彰显着徽州人民在建筑艺术领域的卓越成就与审美特质。从历史维度来看，徽派建筑不仅记录了徽州地区的社会经济发展状况，还承载着当地的文化思想，具有重要的史学意义。在文化传承方面，徽派建筑同样发挥着不可替代的作用。明代文学家汤显祖曾以"一生痴绝处，无梦到徽州"的诗句，道出了徽州对文人墨客的独特魅力。徽州文化的延续与发展，与徽派建筑密不可分，二者相互依存、相得益彰，共同构成了中华文明的重要瑰宝。

（一）徽派建筑的形成

徽派建筑作为中国古代建筑的重要流派，其起源可追溯至封建社会晚期的徽州地区，该建筑流派的繁荣与徽商群体的兴起密不可分。徽商群体不仅具备商业才能，更注重文化修养，与文人雅士交往密切，这种文化积淀逐步体现在建筑设计中，最终演化出独具特色的建筑体系。其显著特征体现在科学的布局规划、别具匠心的造型设计、精美的装饰工艺，以及浓厚的乡土风情，兼具实用价值与深厚文化底蕴，在中国建筑艺术中占据重要地位。徽派建筑风格的形成深受地理环境与气候特征的制约。徽州地处多山区域，气候湿润，山林茂密，瘴气较重，这些自然条件促使徽派建筑在布局、结构与装饰等方面特别注重通风、采光、防潮与防火功能的实现。

历史上，徽州曾是古越人的主要聚居地，其传统的干栏式建筑在潮湿山地环境中具有防瘴疠的显著优势。随着中原移民的持续迁入，人口密度逐渐增大，建筑形式由平房向楼房发展，四合院建筑逐渐演变为徽州特有的天井式建筑，同时兼具防火功能的"马头墙"也应时而生（图1-1）。在建筑造型与装饰图案方面，徽派建筑融合了中原与古越两种文化元素，形成了鲜明的地域特色与丰富的文化内涵，成为中国建筑文化不可或缺的组成部分。

图1-1 徽派建筑马头墙

（二）徽派建筑的构成

徽派建筑作为中国传统建筑的重要流派，其显著特点在于注重与自然环境的和谐统一，既强调实用性，又追求美学价值。在建筑类型上，徽派建筑主要包括民居、祠堂和牌坊三大类，其中民居最具代表性。徽派民居以其宏大的规模、合理的结构、协调的布局和精美的装饰而著称，其砖雕、木雕、石雕等工艺技术精湛，充分展现了匠人的高超技艺。祠堂与牌坊作为徽派建筑的重要组成部分，在选址、造型、雕刻和用料等方面均极为讲究，其结构严谨、布局合理、规模宏大，体现了徽州先民对礼制建筑的重视。徽派建筑不仅与徽州山水完美融合，更与当地民俗文化相得益彰，成为传承和弘扬传统文化的重要载体。对徽派建筑的保存与传承，不仅有助于推动中国传统建筑的保护与发展，更能丰富人们对中华传统文化的认知与理解，具有重要的历史文化价值。

（三）徽派建筑的特点

徽派建筑以其独特的艺术特征和文化内涵在中国传统建筑体系中占据重要地位。在布局特征方面，徽派建筑顺应自然山水走势，将建筑与自然环境完美融合，体现出"天人合一"的哲学思想。其形象特征通过白墙、青瓦、马头墙的组合，形成整体韵律，突出建筑美感，创造出独特的视觉艺术效果（图1-2）。

在建筑工艺方面，砖雕、木雕、石雕等装饰技艺精湛绝伦，这些精美的雕刻艺术体现在门罩、梁架、隔扇、栏杆、台阶、柱础等建筑构件上，展现出高超的工艺水平。文化特征上，徽派建筑深刻体现了儒家的有序、敦厚、沉稳、静谧等价值理念，表现为"理趣"的文化特质。

在街巷景观营造方面，通过曲折通幽的街巷布局，创造出层次丰富的空间序列，达到"步移景异"的视觉效果。同时，徽派建筑还蕴含着深厚的人本观念，通过亭阁、廊桥、影壁、门楼、拱门等建筑元素的设计，体现出对人居环境的细致关怀和对使用者的体贴考虑。这些特征共同构成了徽派建筑独特的艺术风格和文化价值体系，展现出中国传统建筑艺术的精髓。

图 1-2　徽派建筑的特点

（四）徽派建筑的文化底蕴

徽派建筑作为中国传统建筑的重要流派之一，不仅具有独特的审美价值，更蕴含着深厚的精神文化内涵。其建筑布局严格遵循对称原则，以中轴线为基准，厅堂居中，两侧布置居室，前方设置天井，这种布局既体现了严谨的空间秩序，又营造出庄重典雅的建筑氛围。徽派建筑的设计理念深受中国传统文化的影响，其中风水学、儒家思想、古代哲学和徽商文化都在其建筑形制中得到充分体现。

在建筑实践中，徽派建筑特别强调人与自然和谐共生的理念，通过巧妙运用自然采光和通风技术，使建筑与环境相得益彰。其选址多靠近水源或建材易获取之地，既体现了实用主义的建筑智慧，又彰显了朴素自然观和生态观，充分诠释了中国传统"天人合一"的哲学思想。徽派建筑不仅是物质财富的象征，更是精神文化的载体，其独特的建筑语言潜移默化地影响着人们的行为方式和价值观念，成为徽州文化的重要组成部分。

二、苏派建筑：山环水绕，曲径通幽

苏派建筑作为中国传统建筑的重要流派，主要分布于江苏、浙江及上海等江南水乡地区。该区域地处亚热带季风气候带，常年气候湿润，降水充沛，形成了独特的自然生态环境，为建筑营造提供了丰富的植被资源。

（一）苏派建筑的形成

江浙地区的建筑体系以苏派风格为代表，融合了南北方的建筑特色，其园林式空间布局尤为突出。这种建筑形式主要采用南向设计，既能满足冬季避风向阳的需求，又可实现夏季通风纳凉的功能，充分展现了江南水乡的文化底蕴。其建筑构造以高翘的屋脊为特征，并巧妙运用走马楼、砖雕门楼、明瓦窗及过街楼等元素。建筑外观采用白墙黑瓦的搭配，呈现出错落有致、简约轻巧且古朴雅致的艺术风貌，彰显出清新、淡雅、素净的美学特质。在中国传统园林的布局理念中，"曲折"是其核心追求。这种布局方式注重结构的精巧设计，强调空间层次的丰富性，在显与隐、动与静之间寻求平衡。与欧洲园林的皇家风格形成鲜明对比，后者往往规模宏大，采用开门见山的布局方式，强调视觉的直接性。

（二）苏派建筑的特征分析

早在春秋时代，建筑工匠便致力于将人文艺术元素巧妙地融入建筑装饰之中。随着历史演进，苏州的园林艺术逐渐形成其独特风格。至宋代，苏州园林艺术臻于成熟，确立了其在中国园林艺术中的重要地位。在空间布局方面，这些园林效仿自然山水格局，在有限区域内巧妙布置山石、水体、林木等元素，创造出开阔自然且富有生机的空间效果。通过精心搭配山水植被等要素，营造出别具一格的景观氛围。就建筑形态而言，苏州园林广泛运用亭、台、楼、阁、廊、桥等传统建筑形式，实现了建筑与自然环境的和谐统一。通过精心的景观布局、构造手法及细节处理，园林中处处体现着独特的意境与情趣。凭借其独具匠心的布局方式、精妙的景观设计以及丰富的意境表达，苏州园林已然成为中国园林艺术中最具代表性的典范。

（三）影响苏派建筑发展的因素

古代文人雅士寄情山水，以自然为精神寄托，这一审美追求直接推动了苏州园林的形成与发展。在两宋时期，随着文人画的兴起，艺术创作更加注重写意和超脱物外的精神境界，这种艺术理念与"文人造园"的思想高度契合，促使园林设计逐渐转向隐逸山居的淳朴与雅致，更加注重对山林野趣的追求。北宋理学家朱长文所建的"乐圃"便是这一时期的典型代表，它不仅体现了文人"大隐隐于市"的精神追求，更彰显了对自然山水的深切热爱，如图 1-3 所示。在这一过程中，苏州园林逐渐形成了独特的造园技艺和理论体系，其影响不仅限于本地园林建设，更对中国园林艺术的发展产生了深远影响。可以说，文人雅士的审美理念和艺术追求是苏派建筑发展的重要推动力，他们的艺术实践与理论总结为苏州园林注入了深厚的文化内涵，使其成为中国古典园林艺术的杰出代表。

图 1-3 朱长文的"乐圃"

（四）苏派建筑的典型——周庄

周庄地处江苏省苏州市，其历史可追溯至南唐时期，最初仅为一个小渔村，后历经数百年发展，逐渐在明清时期成为重要的商业重镇，如图 1-4 所示。这一地理位置与历史背景为其建筑风格的形成和文化积淀提供了深厚的基础。在建筑风格与材料方面，周庄的建筑以木材和砖瓦为主要材料，充分体现了江南水乡的建筑特点。其装饰风格丰富多样，包括精细的雕刻、浮雕以及彩绘，这些元素不仅增添了建筑的美感，也展现了当地工匠的高超技艺。

图 1-4　苏州周庄古镇

此外，周庄还以其古朴的建筑风格和浓郁的水乡风情而闻名，如双桥、沈厅、张厅等，这些园林各具特色，既体现了江南水乡的自然风情，也展示了中国传统园林艺术的精髓。综上所述，周庄作为苏派建筑的典型代表，不仅以其独特的建筑风格和丰富的文化内涵著称，更通过其古典园林的布局与设计，生动地展现了江南水乡的独特魅力和深厚的文化底蕴。

三、闽派土楼：坚固土墙，功能强大

闽派建筑，是指中国福建地区传统建筑的风格，这一建筑流派基于福建独特的山水地貌条件，在长期历史演进中逐步形成了特有的营造技艺。其空间布局与结构设计充分考虑了当地复杂的地形特征，展现了先民在面对自然资源约束时的创造性应对策略。同时，该建筑风格不仅反映了闽南族群对自然环境的适应性，更彰显了其在应对生存挑战过程中的技术智慧与防御理念。

（一）土楼建筑的起源

福建土楼的建造历史始于宋元之交，其产生与当地特殊的自然和社会环境密切相关。面对山区恶劣的生存条件与频繁的战乱威胁，当地居民为保障生命财产安全，选择群居共处。他们充分利用当地资源，采用生土、木材及鹅卵石等天然材料，创造了独具特色的防御性民居建筑。这种建筑不仅满足了基本居住需求，更在防御功能上表现出色。随着时间推移，至明代末期，土楼的建筑艺术达到高度成熟阶段，其空间布局科学合理，功能实用性强，既具备卓越的防御性能，又蕴含丰富的审美价值。作为一种独特的生土高层建筑类型，土楼将儒家文化精髓与风水学说巧妙融合，充分体现了福建地区特有的建筑风貌与文化内涵。同时，这种建筑形式将传统的生土夯筑工艺发挥到极致，成为福建山区最具代表性的民居建筑典范。

（二）土楼建筑的特点

福建客家传统民居——土楼，以其独特的建筑风格和精巧的内部结构，在历史、文化、艺术及科技领域均展现出重要价值。这类建筑不仅是客家族群的居住空间，更承载着深厚的文化内涵，被国际建筑界公认为"人类建筑史上的杰出典范"。

在选址方面，土楼建造者倾向于选择背风向阳、靠近水源且交通便利的区域，以此满足日常生产与生活需求。从空间布局来看，这些建筑普遍呈现坐北朝南的方位特征，其左侧多伴有溪流，右侧常设道路，前方布局池塘，后方依托山丘，如图 1-5 所示。建造者充分运用斜坡、台地等特殊地形条件，构建出形式多样的单体建筑，进而形成层次分明、规模宏大的建筑群落，充分展现了山地建筑的独特风貌。这种建筑布局不仅体现了地质环境、生态系统、景观美学及建筑技术的综合应用，更与中原传统文化保持着密切联系。它深刻反映了山区居民对环境认知的智慧结晶，以及其独特的生存理念和生活哲学。

图 1-5　福建土楼

福建土楼以其独特的建筑形制展现了客家民居的典型特征。从建筑结构来看，土楼主要由圆形或方形的主楼及附属建筑组成，其中主楼多为多层建筑，附楼则普遍采用单层或双层结构。墙体采用传统夯土工艺筑成，厚度普遍超过一米，具有优异的保温隔热性能。外墙涂覆黑色石灰涂料，与屋顶的灰瓦形成鲜明的"白墙黑瓦"视觉效果，体现了独特的建筑美学。在空间布局方面，土楼严格遵循中国传统建筑的对称原则，大门、大厅、后厅等重要建筑元素均呈轴线对称分布。其中，厅堂作为核心空间，与院落形成有机整体，通过合理的群体组合确保了良好的通风效果。楼内贯穿的廊道系统不仅满足了交通需求，更为居民提供了社交互动的场所。

就内部设计而言，土楼采用严谨的对称式布局，每层均被划分为若干房间，并配有阳台或天井以改善采光。同时，楼内设有厨房、堂屋等公共空间，并配备水井等必要的生活设施，充分满足了家族聚居的生活需求。

这种独特的建筑形式不仅体现了客家人聚族而居的传统生活方式，更为研究中国农村社会历史和客家文化提供了珍贵的实物资料，具有重要的学术价值和文化意义。

（三）土楼建筑的功能与内涵

福建土楼作为一种独特的建筑集群，其功能性特征与文化意蕴均体现出显著的地域特色。

从建筑防御体系来看，土楼采用了严密的防护设计，其外围墙体具备极强的抗冲击能力，底层区域往往采用无窗结构，仅保留加固型主入口，整体构造形同固若金汤的军事堡垒。更为精妙的是，建筑内部还配备了排水排沙系统及地下逃生通道，这些设施在应对火情等突发事件时发挥着重要作用，其完善程度令人称道。

在文化表达层面，土楼承载着丰富的客家传统与美学思想。建筑内部装饰元素中，楹联、匾额、壁画等艺术形式均蕴含着深刻的文化寓意。其中，楹联内容多体现"知足常乐""和衷共济"等客家精神追求，其书法艺术更是彰显了客家人的审美造诣；悬挂于主厅或正门的匾额，多以经典诗文或格言警句为内容，既展示了家族的声望，也反映了主人的文化修养；壁画作品则生动再现了农耕、渔猎、龙舟竞渡等生活场景，体现了客家人的艺术追求；而富有哲理的楹联作品，以其凝练的语言和深邃的意境，不仅展现了客家人的思想境界，更在文学与艺术领域具有重要价值。

四、京派建筑：对称分布，中正威仪

作为六朝古都，北京的建筑体系融合了宫廷与民居两大特色，形成了独特的京派建筑风格。在皇家建筑群中，故宫严格遵循"中轴线"原则，其空间布局依据"左祖右社"与"前朝后寝"的传统规制，深刻体现了封建时期"皇权至上"的礼制思想。与此同时，作为北方民居建筑的代表，北京四合院凭借其别具一格的营建技艺与建筑特征，在中国建筑史上占据着重要地位。这两种建筑形式相互映衬，共同展现了北京作为历史名城的建筑艺术成就。

（一）京派建筑的形成

北京四合院式住宅的历史源远流长，其雏形可追溯至辽金时期，经过多个朝代的演变与发展，在元朝得到大规模推广，至明清时期达到鼎盛阶段。作为中国传统建筑的典型代表，北京四合院不仅具有鲜明的地域特色，更集中体现了中国传统建筑文化的精髓。其建筑格局和空间布局深受北京自然环境、城市规划理念、建筑形制规范以及儒家思想的影响，形成了独特的建筑特征。从现存的清代北京四合院来看，其在建筑规模和空间格局上完整承袭了古代宫室建筑的特点，充分展现了传统建筑的空间组织智慧与美学价值，如图1-6所示。

北京位于华北平原，具有显著的季风气候特征，干燥而四季分明。四合院建筑不仅实现了良好的采光与通风效果，还显著提升了建筑的保温性能。作为长期的政治文化中心，北京深厚的历史积淀与灿烂的文化传统使四合院逐渐融入本土文化，形成了独具特色的京派建筑风格。自然地理条件、城市空间规划、建筑技术规范以及儒家伦理思想共同塑造了北京四合院的整体格局与细节特征。例如，适应北方干燥气候，建筑多采用硬山式屋顶，坡度设计适中；受限于狭窄的胡同间距，院落数量与规模均受到一定制约；等级制度在屋顶形制、宅门样式、院墙高度、台阶级数以及装饰彩绘等方面均有体现；儒家思想则深刻影响了居住方式与空间分配原则。现存清代北京四合院在规模与格局上延续了古代宫廷建筑的特征，不仅展现出中国传统建筑的精华，更成为中华文化的重要载体（图1-6）。

图 1-6　北京四合院布局图

（二）京派建筑的特点

在建筑形态上，四合院采用围合式布局，中心庭院宽敞开阔，这种设计不仅满足了采光需求，还确保了良好的通风效果，使室内外空间形成有机联系。建筑单体之间保持适当间距，通过游廊和檐廊相互串联，既保证了各功能空间的私密性，又实现了通风采光的双重效果。

在建筑材料运用方面，四合院巧妙采用碎砖砌墙的建造方式，这种技艺不仅有效节约了建筑材料，还形成了独特的软心墙结构，体现了传统建筑中的环保智慧。院落布置则充分考虑了生态宜居理念，常见植物如石榴、海棠的种植，以及鱼缸等水景的设置，营造出人与自然和谐共生的居住环境。

在建筑装饰方面，四合院大量运用红色和绿色油饰彩绘，明艳醒目的色彩搭配不仅提升了建筑美感，还蕴含着深厚的文化寓意。

总体而言，北京四合院的设计充分结合了北方气候特点和居住需求，在实用性、美感和文化内涵等方面达到了高度统一，堪称中国传统建筑文化的瑰宝。

五、晋派建筑：窑洞大院，晋商文化

晋派建筑以其结构复杂、类型多样的特点而著称，其中包括窑洞、大宅和精致房屋等多种建筑形式。这些建筑不仅反映了不同历史时期、地域和社会阶层的文化及审美情趣，还展现了山西地区丰富的文化遗产和建筑传统。作为中国传统建筑的重要组成部分，晋派建筑以其独特的建筑风格和装饰艺术，为深入了解中国传统文化提供了宝贵的实物资料。

（一）晋派建筑的兴起及特征

晋派建筑的形成与发展与明清时期的社会经济环境密切相关。明朝经济的快速发展促进了官员与商人之间的频繁交流，为建筑艺术的发展创造了有利条件；至清朝，捐纳制度的实施使晋商获得了合法的政治身份，进一步推动了建筑事业的繁荣。

山西独特的地理位置与晋商雄厚的资本积累为晋派建筑的发展奠定了坚实基础。在建筑特色方面，晋派建筑充分利用地势特征，巧妙地将建筑与自然环境融为一体，在整体布局、空间处理和造型艺术等方面展现出独特的艺术风格。其中，晋中大院作为晋派建筑的代表作，以其深邃的建筑意境和富丽的装饰风格，被学界誉为"北方建筑的珍品，中华民居的瑰宝"。晋派建筑以其独特的设计理念和艺术风格，不仅成为中华民居建筑艺术体系中的重要组成部分，更为中国传统建筑文化增添了独特的艺术魅力，在建筑艺术史上占据着重要地位。

（二）晋派建筑的分类体系

受地理环境因素影响，晋派建筑展现出显著的多样性特征，其分类标准主要基于建筑材料与地域分布两大维度。

从建筑材料的角度来看，晋派建筑可分为窑洞式民居、木架结构民居和砖木混合结构民居三大类，如图1-7所示。其中，窑洞式民居又可细分为依靠天然山体挖掘而成的穴居式窑洞和人工砌筑的砖砌窑洞两种形式；木架结构民居以木构架为主体支撑结构，采用砖墙作为外围维护体系，通过梁架支撑屋面；砖木混合结构民居则巧妙结合了砖石与木架结构的特点，形成独特的建筑体系。

从地理分布来看，晋派建筑可划分为晋北、晋西北、晋中、晋东南和晋南五个区域类型，每个区域都因其独特的地理环境和文化传统而形成了各具特色的民居风格。这种多元化的分类体系充分体现了晋派建筑在长期发展过程中所形成的地域适应性和文化多样性特征。

图1-7 晋派建筑分类

（三）晋派建筑的特点

晋派建筑作为中国传统建筑文化的重要组成部分，具有鲜明的地域特色。在布局与风格方面，明清时期山西城镇普遍采用棋盘式布局，民居建筑多采用四合院形式，讲究中轴对称和主次分明，体现了严谨的空间秩序。就村落类型而言，山西村落可分为集中式和分散式两种，其中平原地带多采用集中式布局，而山区、半山区和丘陵地区则因地制宜，建造台阶式院落，充分体现了对地形的适应性。在气候适应性方面，由于山西冬季寒冷，民居建筑特别注重朝向，以最大限度地获取日照和采光，普遍采用火炕取暖，并通过加大建筑间距来增加采光效果。从地理环境影响来看，山西不同地区的建筑形式呈现出显著差异：晋东南地区以楼房为主，晋西北地区则以窑洞为主，这种差异充分反映了建筑形式与地理环境、气候条件之间的密切关系。

晋派建筑不仅展现了当地的历史文化，更是建筑艺术的重要物质载体，被誉为"中国古代建筑博物馆"和"中国古代建筑宝库"，其独特的建筑风格和营造技艺对中国传统建筑的发展产生了深远影响。

六、川派建筑：形式多样，特色鲜明

作为西南地区独特的建筑体系，川派建筑不仅涵盖四川省域内的建筑形式，其分布范围还延伸至云南、贵州等毗邻区域。由于这些地区聚居着众多少数民族，其建筑呈现出显著的民族特征与多样性。从地理环境来看，四川地区兼具平原、丘陵、山地和高原等多样地貌，气候条件差异明显，形成了多元文化的交融与共生。这种地理与文化的复合性促使川派建筑在设计中强调与自然环境的协调统一，从而发展出功能各异且风格多样的建筑类型。

（一）川派建筑的形成

川派建筑的起源可上溯到新石器时期。成都不仅作为四川区域的政治经济文化枢纽，更成为西南地区的重要战略要地。随着成都城区的不断拓展，其建筑呈现出典雅严谨的构造特征，并具有鲜明的地域特色。宋代是川派建筑的重要演进阶段，其在建筑形态与艺术表现上实现了更深层次的突破，同时在建造工艺、材料运用及装饰手法等方面也取得了创新性进展。这一时期的建筑体系以木构为主体，既展现精湛的建造技艺，又兼具华美的装饰效果，融合了南北方的建筑特色，最终形成了独具特色的川派建筑艺术体系。至明清两代，川派建筑迈入了全新的发展时期，在建筑形制、结构体系及装饰艺术等方面均实现了进一步突破。这一时期的建筑以四合院、吊脚楼为主要形式，展现出质朴典雅的风格特征，其装饰工艺精致，结构体系严谨，充分体现了浓厚的地域文化特征。

（二）川派建筑的特点

川派建筑以其"轴线清晰、布局灵活、层次分明、融入自然、变化规律"为显著特征。

在功能性及实用性方面，这类建筑展现出独特优势，充分运用本土材料与工艺技术，采用简洁的处理方式，构建出既美观又自然的建筑形态。其设计手法灵活多变，风格简约大方，形态优雅自然，尺度比例协调，平面空间布局富有节奏感，既注重整体与局部的协调统一，又能在有限空间中营造开阔、舒适的视觉效果，如图1-8～图1-10所示。此外，川派建筑在装饰技艺方面尤为精湛，木雕、石雕及壁画等装饰元素不仅具有极高的艺术造诣，更蕴含深厚的文化内涵。

图1-8 竹楼　　　　　　　　　图1-9 鼓楼　　　　　　　　　图1-10 吊脚楼

川派建筑在空间布局和结构设计上呈现出鲜明的特征，体现了对自然环境与人文需求的巧妙融合。在外部空间处理上，建筑采用"外封闭"的设计理念，四周建围墙且不开窗，外部种植竹林，这一设计既有效保障了建筑的安全性，又起到挡风的作用。与之形成对比的是"内开敞"的院落布局，通过设置天井和敞口厅等空间，实现了良好的排湿通风和采光保暖功能。建筑外檐设计注重实用性，"大出檐"的构造不仅为院内提供了晒谷、堆柴的实用空间，也为沿街区域创造了摆摊、避雨的便利条件。清朝以来广泛采用的"小天井"设计，不仅满足了基本的生活需求，更为居民提供了舒适的休闲空间。在建筑基础处理上，"高勒脚"的设计源自西汉干栏建筑，采用架空木地板，配合廊庑院庭和重门厅堂的结构，体现了传统建筑智慧的传承。屋顶采用"冷摊瓦"工艺，使用小青瓦散铺，这种构造具有良好的透气性，有效避免了室内潮湿闷热的问题。

保存至今的川派建筑是四川历史文化的重要遗产，也是川派建筑艺术的宝贵实例。它的每一处细节，都凝结着匠人们因地制宜的建筑智慧，体现着匠人们的创造力以及对美的追求。

（三）川派建筑的地域特征

四川独特的地理环境与气候因素深刻影响了川派建筑的形成与发展，促使这一建筑体系展现出鲜明的适应性与地域性特征。

川派建筑有其地域性，部分民族聚居区的入口可能结合民族信仰，朝向特定吉祥方位。主入口在空间布局方面，通常中轴线对称设置，位于建筑中轴线的前端，与建筑整体的对称布局相呼应，也突出了主入口的重要性和引导性。建筑的核心空间——堂屋通常位于中心位置，承担着祭祀祖先和接待宾客的功能。部分讲究的民居还设置多重堂屋，其中后堂专用于供奉神灵，前堂则主要用于会客和宴请。

在结构形式上，川派建筑普遍采用穿斗式构造体系。这种结构不仅施工工艺简便，而且所用材料多取自当地，具有可持续利用的特点。建筑构件多采用房前屋后或田间地头的木材，实现了资源的循环利用。墙体材料的多样性是川派建筑的另一显著特征，主要包括砖墙、土墙、石墙和木墙等类型。其中，具有四川特色的竹编夹泥墙尤为突出。这种墙体以当地盛产的竹材为骨架，通过编织竹片后敷抹泥浆而成，具有透气、防潮、造价低廉等优点，在川派建筑中应用广泛。为应对四川地区多阴雨天气导致的采光不足问题，川派建筑多采用白色作为墙体基色，以增强阳光反射效果。

针对四川多雨的气候特征，川派建筑普遍采用双坡屋面设计，并运用冷摊瓦技术铺设小青瓦。这种构造不仅经济实用，而且兼具遮阳、防渗、通风等多重功能，使室内冬暖夏凉，空气流通顺畅。在屋脊部位，通过堆叠瓦片形成高耸结构，有效防止接缝处渗漏。正脊中央则以瓦片堆砌出具有镇宅寓意的"太岁"装饰，取代了传统建筑中的鸱尾造型。建筑檐口设计深远，既能遮蔽阳光，又可挡风遮雨。沿街建筑通过宽大屋檐形成连续的檐廊空间，为居民提供了纳凉、避雨及社交的场所。屋面两端延伸至山墙外侧，交接处设置博风板，通过木条固定于檩条顶端，既掩盖了檩头接缝的不规则，又起到防雨防晒的作用，从而提升屋顶耐久性。此外，"人"字形博风板中部悬挂"悬鱼"构件，进一步增强其结构稳定性。

【学习笔记】

复习思考题

1. 中国传统建筑具有哪些特点？其相应的发展历程是什么？

2. 徽派建筑与京派建筑在功能性和文化象征上有何显著差异？试从材料、装饰和布局角度分析。

3. 结合河姆渡遗址的考古发现，分析榫卯结构在中国传统建筑发展中的关键作用及其对后世建筑技术的影响。

4. 为何说《营造法式》标志着中国传统建筑的成熟？它对后世建筑标准化有何启示？

5. 徽派建筑中"马头墙"与"天井"的设计如何体现防火、通风等实用功能与美学价值的结合?

6. 福建土楼的环形结构与材料选择(夯土、木构)如何适应山区环境并满足防御需求?

7. 以川派建筑或窑洞为例,探讨中国传统建筑元素在当代可持续建筑中的应用。

第二章 中国传统建筑的特点

第一节 中国传统建筑的特点

中国传统建筑作为世界最有影响力的三大建筑体系之一，其历史悠久、体系完整、成就辉煌。作为中华文化的重要组成部分，中国传统建筑承载着丰富的历史和文化内涵，这些建筑不仅体现了中国古代社会的等级制度和皇权思想，还反映了古代人民对自然和宇宙的理解与尊重，从单体建筑到建筑群布局，从城市规划到古典园林营建，中国传统建筑都展现了其独特的构建思想和艺术风格。中国传统建筑的特点是多方面的，它们共同构成了中国传统建筑独特的艺术魅力和文化价值。一座好的建筑，必须切合当地人的生活习惯，适用于当地生活环境；不违背材料合理的结构原则，在使用过程中拥有相当的耐久性；呈现稳重、舒适和自然的外表，即实用、坚固和美观三要点。在此基础上，中国传统建筑具有灵活布局、丰富的装饰艺术、高度的环境适应性等特点。

一、文化特征

中国传统建筑作为传统文化的物质载体，映射出的儒家的美学精神与伦理规范，以及对人生的终极关怀；道家的"清静无为""天人合一"等思想境界以及独特的地域文化。这些都蕴藏在高超的土木结构科技成就与迷人的艺术风韵之中，铸就了高雅的理性品格和深邃的文化内核。中国传统建筑犹如语言，外显的是其实际的功用，内含的却是中国传统文化的底蕴。

（一）建筑礼制

中国传统建筑深受礼制文化的影响，其结构、布局和装饰无不体现社会等级制度和伦理道德的准则，这是儒家思想"礼"的物质化表现。

不同建筑类型和风格对使用者的身份和地位有严格的规定。例如，宫殿建筑以规模恢宏、装饰精美闻名，黄瓦红墙的庄严色彩彰显着皇家的权威和至高无上的地位；而普通民居则相对简朴低调，遵循"非礼勿用"原则，不得僭越。不同建筑类型均注重中轴线对称和主次分明。例如，皇宫、宗祠、寺庙等以中轴线对称布局为核心，体现了"中正""中和"的理念，中轴线上的主要建筑如大殿或门楼具有绝对的权威与尊贵，其他附属建筑则根据功能和重要性依次排列。在传统住宅中，布局也反映了家庭伦理观念。例如四合院中，正房（主房）通常是家中长辈的住所，而次房（厢房）则安排家庭其他成员居住，以建筑分区表达尊卑秩序与族群和谐。

（二）"天人合一"的建筑环境

"天人合一"是道家哲学的核心理念之一，强调人与自然之间的和谐共融。这一思想在中国传统建筑中得到了充分的体现，影响了建筑的选址、规划、设计和建造。通过建筑与自然环境的融为一体，实现自然美与人文美的结合，构筑出和谐的生活空间。

中国传统建筑注重分析地形、地貌、水系等自然因素，通常选择藏风聚气、地理优势得天独厚的地点作为建筑的选址。在古代，建筑师会根据阳光、水源、地形等要素，结合风水原则，选择生气旺盛之地用于建造，以求得天时地利人和的理想居所。传统建筑选址于山水之间，依山而建或傍水而居，建筑与周围自然环境融洽相处，使其本身成为风景的一部分。

这种"天人合一"的建筑环境观念尤其体现在中国园林中，重视以小见大，通过山石、水景、植物的组合营造山水意境的缩影。亭台楼阁、池塘小桥被巧妙布置，使人步入园中如临自然景色，实现生活与自然的无间融合。利用建筑围合和自然环境的动态结合，创造出不同的空间体验。通过视线的引导和环境的过渡，建筑引领人们在动态与静态美之间切换，感受自然与人文的双重艺术享受。

二、地域特征

中国传统建筑的地域特征丰富多样，反映了各个地区的自然环境、气候条件、文化背景、材料资源以及生活习俗的差异，赋予地方建筑独特的风格。

在建筑布局上，北方地区气候较为寒冷，冬季需要充足的阳光，因此传统建筑多采用四合院形式，如北京四合院。这种布局坐北朝南，庭院方正开阔，房屋之间相对独立又彼此联系，通过围墙、大门等形成相对封闭的空间，既有利于保暖防风，又符合封建礼教的等级秩序。南方地区气候湿热，河网密布，以苏州水乡民居为代表，建筑布局往往依水而建，前街后河，房屋错落有致，街巷狭窄曲折，形成独特的水乡空间格局，方便人们取水、出行以及货物运输。在山区，石材资源丰富，像福建土楼所在地区，就地取材，用当地的生土、木材、鹅卵石等建造房屋。土楼以生土为主要原料，掺上石灰、细砂、糯米饭、红糖、竹片、木条等，经反复春压、夯筑而成，墙体厚实坚固，具有良好的隔热、隔音性能。而在黄土高原地区，由于黄土具有直立性强的特点，人们便挖掘窑洞居住。窑洞利用黄土层作为建筑材料，冬暖夏凉，节省建筑材料，是适应自然环境的典型建筑形式。北方地区的建筑风格以木结构为主，这种建筑风格最早可以追溯到殷商时期，木材被广泛应用于建筑物的结构、墙壁、梁柱和装饰。在北方，由于气候寒冷，建筑物需要有较高的保温性能，因此，建筑结构往往采用悬臂状木柱和跷脚石等技术以提高建筑物的稳定性和耐寒性。同时，北方地区的建筑物通常具有丰富的装饰细节，如雕刻和彩绘，以增加建筑的艺术价值。

与北方不同，南方地区以水乡建筑为特色。水乡地区的建筑物一般位于江河湖泊之滨，是该地区独特的地理环境所决定的。水乡建筑多采用木质结构，以适应地面不稳定的情况。建筑物通常建有过街廊或水路，使人们可以方便地在不同的建筑之间通行。此外，水乡建筑还具有独特的建筑装饰，如红墙、白墙、黑瓦等。

第二节　中国传统建筑群的组合方式

中国传统建筑群的组合方式，自古以来就以其独特的魅力和深厚的文化底蕴吸引着世人的目光。作为中国传统文化的重要组成部分，建筑群的组合不仅体现了古代工匠的精湛技艺，更蕴含了丰富的哲学思想和审美观念。

在中国古代，建筑群的组合方式往往与自然环境、社会制度、文化传统等因素密切相关。匠人们巧妙地运用院落、廊道、围墙等元素，将多个单体建筑有机地组合在一起，形成一个和谐统一的整体。这种组合方式不仅满足了人们的生活需求，更在视觉上形成了一种独特的审美体验。

中国传统建筑群的组合方式多样，既有严谨的中轴对称布局，也有灵活多变的自由式布局。中轴对称布局体现了中国古代社会的宗法和礼教制度，也符合中国古代文人的审美情趣。而自由式布局则更加灵活多变，能够因地制宜地适应各种地形和环境条件。

无论是宫殿、庙宇、园林还是民居，中国传统建筑群的组合方式都展现出了极高的艺术价值和审美意义。它们不仅是中国古代建筑技艺的瑰宝，更是中国传统文化的重要载体。通过深入研究中国传统建筑群的组合方式，我们可以更好地理解中国古代社会的历史和文化，感受中国传统建筑的独特魅力。

一、基本组合原则

（一）以群体形式出现

宫殿建筑群是中国古代建筑群中的杰出代表，它们以宏伟壮观的规模和严谨对称的布局著称。其中，北京故宫是宫殿建筑群的典范之作（图2-1）。故宫沿着中轴线前后延伸，形成了多个层次分明的庭院空间，每个庭院都有其独特的功能和布局。这种中轴对称的布局方式不仅体现了中国古代社会的宗法和礼教制度，也展示了古代工匠的精湛技艺和审美观念。

庙宇建筑群在中国古代同样占据重要地位。这些建筑群通常由多个单体建筑组成，如大殿、配殿、钟楼、鼓楼等，它们围绕着一个或多个庭院布局，形成了一个和谐统一的整体。曲阜孔庙是一个典型的庙宇建筑群，它采用中轴对称的布局方式，在长达数百米的中轴线上，依次排列着多个院落、牌坊和门殿，最终到达主殿大成殿（图2-2）。这种布局方式不仅体现了对孔子的尊崇和敬仰，也展示了中国古代建筑文化的独特魅力。

图 2-1 北京故宫建筑群

图 2-2 曲阜孔庙建筑群

　　园林建筑群是中国古代建筑文化中的又一瑰宝，这些建筑群以自然山水为蓝本，通过巧妙的布局和精湛的技艺，将人工建筑与自然环境融为一体（图 2-3）。苏州留园是一个典型的园林建筑群，它采用自由式布局的方式，游客在进入园门后，需要经过曲折、狭小的走廊和庭院才能到达主景所在的涵碧山房。这种布局方式不仅增加了园林的趣味性和艺术性，还使得游客在游览过程中能够感受到一种豁然开朗、山明水秀的美感。

图 2-3　园林建筑群

民居建筑群是中国古代建筑文化中最贴近百姓生活的部分。这些建筑群通常由多个四合院或三合院组成，它们围绕着一条或多条街道布局，形成了一个个紧凑而有序的生活社区（图 2-4）。在民居建筑群中，每个院落都有其独特的功能和布局，如正房、厢房、倒座房等，它们共同构成了一个和谐统一的生活环境。这种布局方式不仅满足了人们的居住需求，还体现了中国古代社会的家庭伦理秩序和审美观念。

图 2-4　民居建筑群

　　除了宫殿、庙宇、园林和民居建筑群外，中国古代还有许多其他类型的建筑群，如陵墓建筑群、衙署建筑群等。这些建筑群同样以其独特的组合方式和精湛的建筑技艺展现出了中国古代建筑文化的独特魅力。例如，清东陵是中国古代陵墓建筑群的代表之一，它采用中轴对称的布局方式，将多个陵墓和祭祀建筑有序地排列在一起，形成了一个庄严肃穆的陵墓建筑群。

（二）以庭院为核心

　　庭院是中国建筑群组合的核心要素。多个单栋建筑围合成庭院，多个庭院再组成建筑群。这种组合方式不仅满足了人们的生活需求，还形成了独特的空间美感（图2-5）。

图 2-5　以庭院为核心的中国传统建筑群示例

　　庭院由屋宇、围墙、走廊等围合而成，形成内向性封闭空间。这种围合方式为居住者提供了宁静、安全、私密的生活环境，如传统四合院，人们的起居活动都在庭院及其周边建筑内进行，外界的干扰被隔绝。虽然建筑群对外是封闭的，但内部庭院与各个建筑之间相互连通，空间开敞。人们可以在庭院中自由活动，各个建筑的门窗也多朝向庭院开设，便于采光、通风和观赏庭院景色，使建筑与庭院形成一个有机的整体。在建筑群中，通常有一座或一组主体建筑位于核心位置，体量较大、等级较高、装饰精美，如宫殿建筑群中的正殿、寺庙建筑群中的大雄宝殿等。主体建筑往往位于中轴线的重要节点上，是整个建筑群的视觉中心和功能核心。主体建筑周围环绕着一系列附属建筑，如配殿、厢房、回廊等，它们在规模、形式和功能上都从属于主体建筑，起到陪衬和辅助的作用，共同构成完整的建筑群。例如曲阜孔庙，大成殿是主体建筑，其周围的奎文阁、十三碑亭等附属建筑，从不同方面烘托出大成殿的重要地位和庄严氛围。

　　中国建筑群常由多个院落依次排列组成，形成循序渐进的空间层次。人们沿着中轴线或主要路径，从一个院落进入另一个院落，空间逐步展开，建筑的重要性也逐渐提升。例如北京故宫，经过天安门、端门、午门，进入太和门广场，再到太和殿、中和殿、保和殿等，通过一系列院落的递进，营造出强烈的空间层次感和节奏感。在不同院落之间，以及建筑与庭院之间，常通过门、廊、墙等元素进行空间过渡，使建筑群的空间转换自然流畅。

例如，四合院的垂花门不仅是内外院的分隔标志，也是空间过渡的重要节点，人们从外院经过垂花门进入内院，空间氛围和功能区域发生了变化，同时也感受到了空间的层次感和连续性。根据建筑群的使用功能，将其划分为不同的区域，每个区域由若干庭院和建筑组成。例如传统的王府建筑群，前院用于办公和接待宾客，中院和后院则是居住区域，后罩房或花园等则作为休闲娱乐区域，通过庭院的组合实现了不同功能的分区。在山地、丘陵等复杂地形条件下，建筑群的布局会根据地形的起伏变化进行调整，灵活运用庭院的组合方式，使建筑与自然环境相融合。例如福建土楼，根据当地的地形和家族聚居的需求，采用圆形或方形的庭院布局，依山而建，既节省了土地，又与自然景观相得益彰。不同地区的气候条件不同，庭院的形式和建筑群的组合也会有所差异。北方地区冬季寒冷，庭院通常较为开阔，以获取更多的阳光；南方地区夏季炎热潮湿，庭院则相对较小，形成"天井"，有利于通风、散热和排水。

庭院式布局的特点是采用对称的方式、沿着纵轴线和横轴线将建筑物分成多个庭院，每个庭院都有不同的功能和特色。其大都分布在北京、山西、陕西、安徽、云南、广东、福建等地，其中最有代表性的包括北京四合院、山西大院、陕西地下四合院、皖南合院、广府三间两廊民居、福建土楼。正房位于院落的中央部分，特别高大或富丽；次要的建筑分列于两旁，如同帝王上朝、群臣列班一样左上右下（图2-6）。正房的后面则另成院落，为主人长辈的居室，房屋虽然高大，但其外观却不突出，表示辈分虽高，却非一家之主的意思。非常大的邸宅通常由多个院落连接而成，根据每个院落单元的位置与规模即可确定正房的位置，并推断出家族成员各自居住的位置。我国古代之大家庭，妻妾、子女众多，建筑与位分的关系表明了各成员在家族中的地位。庭院之间用走廊、回廊等相连，构成一个整体。

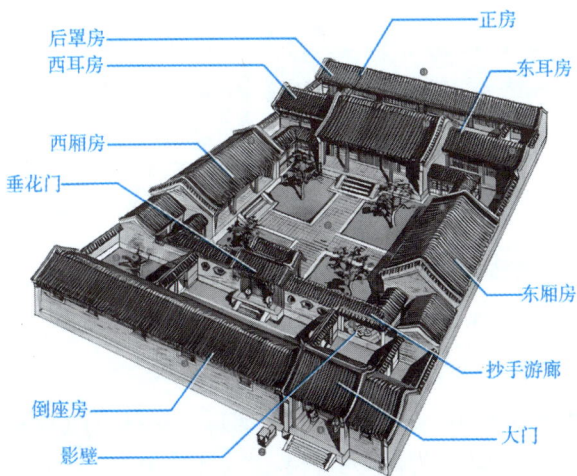

图2-6　四合院平面布置图

　　徽州传统天井式民居主体建筑的平面形制往往呈现中轴对称、端正方正的矩形，并且注重与自然环境的协调。民居可以采取"凹""回"两个基本形，其他形制都是在其基础上进行组合变换而来的（图2-7）。中央轴线串联门厅、天井、堂屋等重要空间，厢房、敞厢等起居和辅助空间位于轴线的两侧。辅助空间随地基的形状建造，不需要刻意强调轴线。一府六县的传统民居虽然有一定的地域距离，但整体上呈现出和谐统一的布局模式。不同的平面形制往往代表着不同的家庭结构，单元重复得越多，家庭结构越复杂，因此布局模式各有不同。

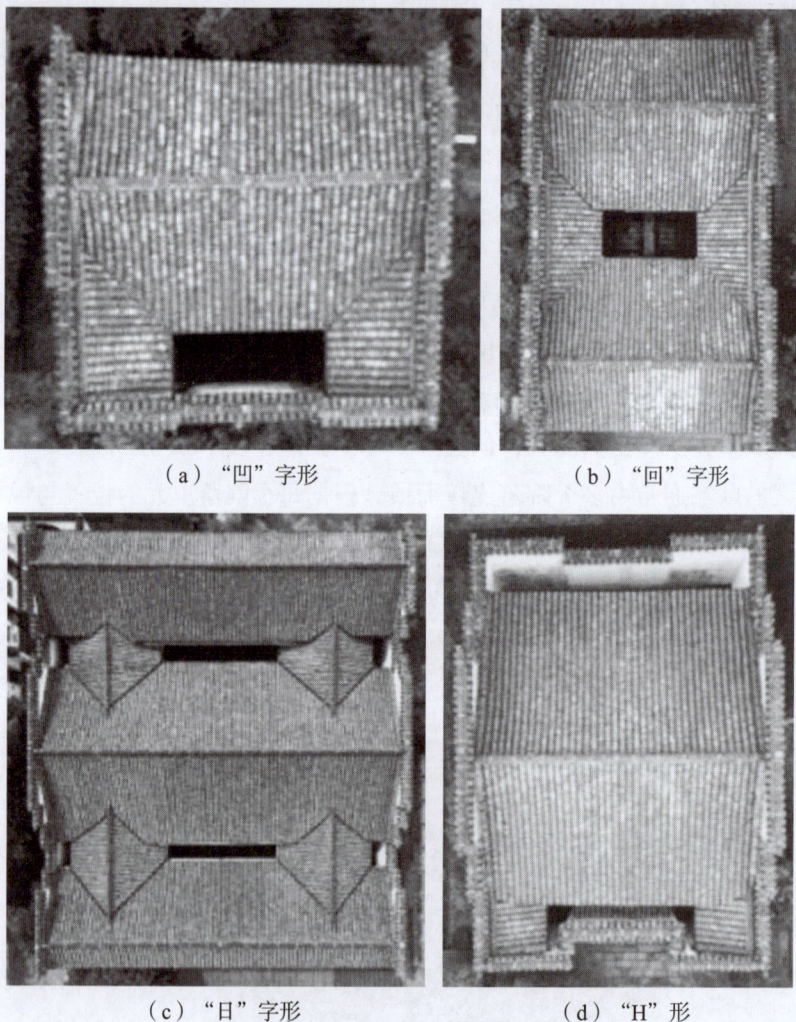

（a）"凹"字形　　　　　　　　　　（b）"回"字形

（c）"日"字形　　　　　　　　　　（d）"H"形

图2-7　徽州古民居平面布置图

　　徽州古民居的基本单元采用"凹"字形的三合院，以及"回"字形的四合院，从规模上来说大致分成单体单元规模和组合单元规模。"主干家庭""核心家庭"的主体部分基本上是三合院、四合院或者衍生的"日"字形院落以及"H"形院落等。而累世而居的"共祖家庭"以及"主干家庭"由于人数众多以及财富累积，住宅则由基本单元组合而成，组合的方式主要是串联与并联，基本单元之间轴线对接，很少看到交错对接的情况。

二、主要组合方式

（一）中轴对称组合

中国古建筑普遍遵循内向、含蓄、多层次的原则，力求平衡、对称，主要采用中轴线对称、整体性的群体组合布局。建筑群少则一个院落，多则几个或几十个不同层次的院落，以弥补单体建筑给人刻板印象的不足。此外，平面布局一般按照中轴线展开，采取左右对称的形式，以庭院为中心，四周房屋环绕。

对称布局在中国古代建筑中非常多见，它是中国传统建筑中非常重要的布局方式。对称布局可以分为中轴对称和左右对称两种形式。

中轴对称布局是指建筑物沿着中心线对称分布，左右两侧的建筑物在平面和立面上基本相同，形成中轴线对称的效果（图2-8）。这种布局常见于宫殿、庙宇和陵墓等宏伟建筑，如故宫中的建筑采用中轴对称的布局方式。这种布局方式一般寓意着权力、稳定和坚定不移。

图 2-8　中轴对称

（二）自由式组合

自由式组合在中国建筑群组合中也较为常见，特别是在园林建筑中。这种组合方式更加灵活多变，可以根据地形、环境等因素进行自由组合。它打破了中轴对称的束缚，使得建筑群在布局上更加自由、开放。自由式布局不仅增加了建筑群的趣味性和艺术性，还使得建筑群更好地融入自然环境中，实现了人与自然的和谐共生（图2-9）。

图 2-9 自由式组合

例如北京的颐和园、北海、中南海以及承德的避暑山庄等，这些园林在广袤的地域内，根据山水地形进行自由的建筑布局，形成了一种自然与建筑和谐共生的美学效果。其中，虽然也包含部分轴线对称的组合，但整体而言，自由布局是主导。江南地区的园林多以自由式布局著称，它们依势而行，不刻意讲究对称，而是追求一种自然、流畅的空间感受。这些园林中的建筑、水系、植被等元素相互融合，形成了一种独特的东方园林美学。

自由式组合允许建筑群中的建筑物根据地形、景观和功能需求进行灵活布置。这种灵活性使得建筑群能够更好地适应各种复杂的环境条件，并创造出丰富多样的空间效果。在自由式布局中，建筑群往往与自然景观紧密结合，形成一种"天人合一"的和谐共生关系。这种自然性不仅体现在建筑群对自然环境的尊重和保护上，还体现在建筑群内部的空间组织和景观营造上。自由式组合的建筑群在布局上往往更加注重艺术性和审美效果，通过巧妙的建筑布局、景观设计和空间组织，这些建筑群能够创造出令人赞叹的美学效果，并给人留下深刻的印象。

自由式组合的中国传统建筑群不仅体现了古代工匠的精湛技艺和卓越智慧，还蕴含了深厚的文化内涵。这些建筑群往往与当地的自然环境、历史文化和社会习俗紧密相连，成为传承和弘扬中华文化的重要载体。

第三节　中国传统建筑的材料和结构特点

一、传统建筑材料

中国古建筑一般以木材为主，土、砖、石等也是建筑的基本结构材料。中国古建筑最重要的特点是木结构，木结构是主体构架，整个建筑包括屋顶、屋架都是以木头为主。木结构最重要的特点是具有很强的韧性，也就是说在一定范围内允许有变形，这也说明了木结构具有较强的抗震能力，它在一定程度上影响了中国建筑文明的延续和传承。

中国人在科学技术相对落后的封建社会，成就了许多建筑奇迹，也使中国走上以木建筑为主流的设计道路。而西方则大量运用砖石材料，走的是以承重墙式砖石建筑为主流的道路。那么，为什么中国建筑采用木结构，而不是砖石结构呢？这与中国人早期的传统文化思想有关。道家把建筑看成五行要素中的"木"：木出于土地，入于阳光，承天之雨露，向阳而生，承地之养育，入阴而生，为阴阳和合产物，生生不息，乃自然生命力旺盛之象征。

古代哲学认为人为万物之灵、天地造化之首，而建筑为人所居，聚天地之气。中国古建筑多为土木结构，黄土、树木为人类赖以生存的物质，是有生命的物体，有再生之意，象征着生生不息。木材做主要建筑材料，是合理的选择，是理性主义哲学的必然结果，也是建筑文化现象中物的体现，符合"裁成天地之道，辅相天地之宜"的中华民族传统文化观念。

砖石结构未能成为中国建筑的主流结构，首先是因为砖石材料成本高，耗资大。砖需要经过烧制，消耗大量的木材或煤炭资源；石需要开凿山体，耗工费时成本高。所以，砖石多用于皇家的重要建筑或皇家贵族的陵墓，以及军事防御性建筑；其次是富商和地主阶层用于宅第、私家园林，直至成本下降后才得以普及用于百姓阶层。

二、结构特点

中国传统建筑结构可分为台基、柱梁、屋顶三个部分（图 2-10），台基是砖石混用，由柱脚至梁上结构部分，直接承托屋顶的全是木质结构，屋顶除少数用茅草、竹片、泥砖覆盖的部分外，大部分利用瓦片进行装饰。

屋顶

柱梁

台基

图 2-10 中国传统建筑构成示意图

（一）高台厚基

高台厚基是中国传统建筑中通过提升建筑物的基础来确保结构稳固的一种常见设计，适用于在山地或地势较高的区域建造建筑，主要由高台和厚基两个主要部分组成。高台是指建筑基础上方的台地，通常由夯土、石块等材料建造，而厚基则是建筑物下方的厚重基础结构，用于承载和支撑建筑的重量，以确保其稳定性。

高台厚基的设计和施工需要考虑地基的承重、地下水位高低、土壤稳定性等因素，抬升地基，避免地面潮湿对建筑主体的侵蚀，尤其是在南方多雨的地区，能增加建筑的耐久性。同时高台厚基不仅仅是一种建筑手法，也是一种礼制和等级的体现。高高在上的状态象征着权威和中心，表现了某种程度的精神追求和文化象征。其常用于宫殿、庙宇和陵墓等建筑中。例如故宫中的太和殿就建于高台之上，这不仅体现了其重要的政治地位，也增加了视觉上的庄重和威严，从而与周围环境产生有力的对比（图 2-11）。

图 2-11　中国传统建筑示例

（二）架构制结构

中国古代建筑多采用木框架结构，以木材作为主要材料。在实际建造中，这些建筑充分利用了木材的力学特性，通过木柱和木梁构成建筑的基础框架。屋顶和屋檐的重量通过框架传递到柱子上，各个构件之间则通过精巧的榫卯结构连接。墙体仅作为隔断使用，并不承载建筑的重量，因此有古谚称"墙倒屋不倒"，这突出显示了中国木结构建筑的核心特征。屋顶—椽子—檩条—梁架—柱子，这种架构体系是中国古建筑的主要建筑风格。

这种架构制结构的外表式样有以下几个明显的特征：高度无形地受到限制，绝不出木材可能的范围；结构上绝不需要坚厚的承重墙，除非需要表现雄伟气势的时候，酌量增用外（如城楼等建筑），门窗部分可以不受限制，柱与柱之间可以完全安装透光线的细木作——门屏窗牖之类。

这种架构的特征对建筑外观产生了显著影响，建筑高度受到木材长度的限制，即使是极为庄严的建筑物，外观也显得相对精致。由于结构上无须承重，通常只有在需要体现雄伟气势时才会适当增加墙体厚度，比如城楼等建筑。大型建筑不需要完整的墙壁阻隔，柱与柱之间的空间可以灵活地安装能够透光的细木作件，在承重功能上完全依赖立柱，这使墙体不承担结构重量，只用于划分空间和区分内外，如门、屏风和窗户（图2-12）。

图2-12 架构制结构

与梁柱和屋顶密切相关的斗拱是中国传统木构架建筑中的重要构件，它的作用是在柱子上支撑悬挑的屋檐（图2-13）。斗拱由斗形的垫木块和弓形的短木组成，逐层纵横交错叠加成一组上大下小的托架，安置在柱头之上，用以承托梁架的重量和向外挑出的屋檐。除了向外挑檐和向内承托屋顶外，斗拱的主要功能还包括保持木构架的整体性，是大型建筑中不可或缺的重要部分。随着时间的推移，斗拱的形态和排列方式也发生了变化，斗拱变小，不再起结构作用，而是成为一种饰物，用以显示等级差别。

图2-13 斗拱

（三）飞檐翘顶

飞檐翘顶是中国古代建筑中常见的装饰特色，指建筑物檐口向上翘起的设计，形状如同鱼跃（图2-14）。除了美观的装饰效果之外，飞檐翘顶还具备良好的防水和遮阳功能。在古代建筑中，其设计和建造需要兼顾建筑结构的稳定性和耐久性。通常，飞檐翘顶的檐口外部分需安装斜撑或支撑柱，以确保其结构稳定和具有足够的承重能力。此外，需要选择合适的材料，如瓦片、青石和木材，以保证其耐久性和美观。飞檐翘顶被广泛应用于中国古代建筑，尤其是寺庙和宫殿，它作为一种重要的装饰形式，也是中国传统建筑文化的重要元素。

图 2-14　飞檐翘顶

中国古代建筑的结构非常注重建筑的统一性和协调性，建筑中各个构件之间的比例和协调关系都非常重要。例如，建筑的宽度、高度、长度以及檐口的长度等都需要按照一定的比例和规律来设计和构建，以保证建筑的整体美观和协调性。中国古代建筑的材料和结构特点在中国传统建筑文化中占据着重要地位，体现了中国古代建筑师和工匠的智慧与创造力，是中国传统文化的重要组成部分。

【学习笔记】

复习思考题

1. 中国传统建筑如何体现儒道美学与伦理规范？

2. 为什么北方和南方的建筑风格存在显著差异？

3. "天人合一"理念在建筑选址中如何体现？

4. 中轴对称布局在中国传统建筑中有什么重要意义？

5. 自由式组合与中轴对称组合有何不同？

6. 庭院在建筑群组合中扮演了什么样的角色？

7. 为什么中国传统建筑主要采用木材作为建筑材料？

8. 高台厚基设计的文化和实用意义是什么？

9. 飞檐翘顶的设计在建筑中有什么功能和美学价值?

第三章　中国传统建筑与艺术美学

第一节　中国建筑与文学

一、建筑与文学的交融

（一）古代文学中的建筑描写

在中国古代文学的长河中，建筑常常成为文人墨客笔下的重要意象，寄托着他们的情感与审美理想。无论是巍峨的宫殿，还是静谧的园林，抑或是朴素的茅舍，都在古代文学作品中留下了浓墨重彩的一笔。

唐代诗人杜牧在《阿房宫赋》中，以华丽的辞藻描绘了阿房宫的壮丽与奢华。"六王毕，四海一，蜀山兀，阿房出。"这开篇几句，便气势磅礴地展现了阿房宫的崛起。杜牧继续写道："覆压三百余里，隔离天日。骊山北构而西折，直走咸阳。二川溶溶，流入宫墙。五步一楼，十步一阁；廊腰缦回，檐牙高啄；各抱地势，钩心斗角。"这一段描写，细腻地刻画了阿房宫建筑的宏伟与精巧，楼阁廊檐，错落有致，宛如一幅立体的画卷（图3-1）。杜牧通过这样的建筑描写，不仅展示了阿房宫的物质奢华，更隐含了对统治者荒淫无度的批判。

图 3-1　阿房宫（复原图）

宋代文学家欧阳修在《醉翁亭记》中，描绘了滁州琅琊山的醉翁亭及其周围的自然与建筑景观。"环滁皆山也。其西南诸峰，林壑尤美，望之蔚然而深秀者，琅琊也。山行六七里，渐闻水声潺潺而泻出于两峰之间者，酿泉也。峰回路转，有亭翼然临于泉上者，醉翁亭也。"在这里，欧阳修以简练的笔触，勾勒出一幅山水亭台的和谐画卷。醉翁亭（图 3-2）因山而建，因水而秀，与自然环境融为一体，体现了古代园林建筑追求的天人合一的理念。

图 3-2　醉翁亭

明代文学家张岱在《陶庵梦忆》中，以细腻的笔触描写了他所见的西湖旁的楼阁，不仅展现了西湖四季景色的变化，更突出了楼阁在不同季节中所呈现的不同风貌（图 3-3）。楼阁不仅是观景的绝佳位置，更是人与自然对话的媒介。

图 3-3　西湖楼阁

　　古代文学中的建筑描写，往往不仅仅是简单的景物再现，更是作者情感与思想的寄托。在杜牧的笔下，阿房宫是奢靡和荒淫的象征；在欧阳修的笔下，醉翁亭是与民同乐、天人合一的象征；在张岱的笔下，西湖楼阁是人与自然和谐共生的象征。这些建筑描写，不仅展现了古代建筑的壮丽与精巧，更蕴含着深刻的文化内涵和哲学思考。

　　通过对古代文学中建筑描写的赏析，我们不仅能够领略古代建筑的美学价值，更能感受到古代文人对于生活、自然和社会的独特见解。这些描写，如同一幅幅生动的画卷，让我们在字里行间，看到了古代建筑的风采，感受到了古代文学的魅力。

（二）当代文学对建筑文化的传承与创新

　　当代文学在面对快速发展的现代社会时，对于传统建筑文化的传承与创新展现出了独特的关注和表达。在全球化与现代化浪潮的冲击下，传统建筑文化面临着前所未有的挑战，但同时也获得了新的发展机遇。在这一背景下，许多当代作家通过他们的作品，不仅反思和传承了古老的建筑智慧，还探索了现代建筑与人文精神的融合，展现出一种新的文化创造力。

　　在传承方面，当代文学作品常常通过对传统建筑的细腻描写，唤起读者对历史和文化的记忆。例如，王安忆的小说《长恨歌》中对老上海石库门建筑的描写，不仅展现了这种建筑形式的独特魅力，还通过其细节和居住者的生活，反映了上海这座城市的历史变迁和人文风貌。石库门（图 3-4）作为上海独特的民居形式，融合了中西建筑文化的元素，是上海近代历史的见证者。王安忆通过对其细致的描绘，不仅让读者感受到了建筑本身的美，更让人们思考这些建筑背后所承载的历史和文化记忆。

图 3-4　老上海石库门

阿来的《尘埃落定》中对藏族传统建筑的描写，同样展现了当代文学对建筑文化的传承。在小说中，阿来通过对土司官寨（图 3-5）等藏族传统建筑的描写，展现了藏族独特的建筑风格和文化内涵。这些建筑不仅是藏族人民生活的场所，更是他们精神信仰的载体。阿来通过这些描写，不仅传承了藏族建筑文化的独特魅力，还让读者更深入地了解了藏族人民的生活方式和精神世界。

图 3-5　土司官寨

在创新方面，当代文学作品也积极探索现代建筑文化的新形式和新内涵。随着城市化进程的加速，现代城市建筑成为文学作品中新的描写对象。例如，余华的《兄弟》中，对现代城市高楼大厦的描写，展现了现代建筑的宏伟和冷漠。在这些建筑中，人与人之间的关系变得更加疏离和陌生，但同时也孕育着新的生活方式和社会关系。余华通过这些描写，不仅展现了现代建筑的外在形态，更深入探讨了现代城市生活对人们心理和情感的影响。

王小波的《红拂夜奔》中，通过对未来城市和建筑的想象，展现了当代文学对建筑文化的创新探索。在小说中，王小波构建了一个充满奇幻色彩的未来城市，其中的建筑形式和城市布局，充满了对现代建筑文化的反思和颠覆。这些想象不仅是对传统建筑文化的挑战，更是对未来建筑文化的一种可能性探索。王小波通过这些描写，展现了他对现代城市生活的独特见解，以及对未来建筑文化的开放态度。

当代文学在传承和创新建筑文化方面，展现出了独特的价值和意义。通过对传统建筑的细腻描写，当代文学不仅传承了古老的建筑智慧和文化记忆，还让读者更深入地了解了历史和文化的丰富内涵。通过对现代和未来建筑的探索，当代文学不仅反映了现代城市生活的复杂性，更展现了对未来生活的无限想象。

当代文学在面对建筑文化时，既是一种传承者，也是一种创新者。通过对传统和现代建筑的描写，当代文学不仅展现了建筑文化的美学价值，更深入探讨了建筑与人类生活、情感和精神的关系。这种传承与创新的结合，使得当代文学在建筑文化的表达上，展现出了独特的魅力和深远的影响。

二、古典诗词中的建筑意象

（一）唐诗中的亭台楼阁

唐代诗歌中，亭台楼阁常常成为诗人寄托情感、描绘景色的重要意象。这些建筑不仅是人们休憩、赏景的场所，更在诗人的笔下被赋予了深远的情感和哲思，成为文学中不可或缺的一部分。

王勃在《滕王阁序》中写道："层峦耸翠，上出重霄；飞阁流丹，下临无地。"这里描绘的是滕王阁的壮丽景观，层叠的山峦和耸立的高阁相映成趣，仿佛突破云霄，俯瞰大地。滕王阁（图3-6）作为江南名楼，在王勃的笔下被赋予了超凡脱俗的气质，成为诗人抒发豪情壮志的载体。

图 3-6　滕王阁

杜甫在《登高》中写道："无边落木萧萧下，不尽长江滚滚来。万里悲秋常作客，百年多病独登台。"这里的"台"指的是高处的楼台。诗人登高远望，目睹秋日的萧瑟景象，感慨人生的无常与孤独。杜甫通过登台所见，抒发了对人生、历史的深刻思考，楼台在此不仅是观景的场所，更是诗人情感的寄托。

李白在《夜泊牛渚怀古》中写道："牛渚西江夜，青天无片云。登舟望秋月，空忆谢将军。余亦能高咏，斯人不可闻。明朝挂帆席，枫叶落纷纷。"这里的"空城"指的是古时的楼台城阙，李白夜泊牛渚，仰望秋月，怀念古人，感慨万千。楼台在月光下显得格外空灵，诗人的怀古之情与自然景色融为一体，楼台在此成为历史与现实交汇的象征。

唐代诗人通过对亭台楼阁的描绘，不仅展现了这些建筑的壮丽与精巧，更寄托了他们的情感与哲思。在这些诗句中，亭台楼阁不仅是物质的存在，更是精神和文化的象征，成为诗人与历史、自然对话的媒介。通过这些诗句，我们不仅领略到唐代建筑的美学价值，更感受到诗人们丰富的情感和深邃的思想。

（二）宋词中的园林与庭院

宋词中的园林与庭院常常作为抒情寄意的重要意象，展现了宋代文人雅士对自然之美和生活情趣的追求。在这些词作中，园林与庭院不仅是物质的建筑空间，更是精神世界的投射，承载着词人的情感、哲思和审美理想。

晏殊在《浣溪沙·一曲新词酒一杯》中写道："一曲新词酒一杯，去年天气旧亭台。夕阳西下几时回？无可奈何花落去，似曾相识燕归来。小园香径独徘徊。"这里的"旧亭台"和"小园香径"描绘了一幅静谧而优美的园林景象。词人通过对园林景色的描写，表达了对时光流逝和人事变迁的感慨。亭台与小径在夕阳下显得格外静谧，花落燕归的景象更增添了几分惆怅与无奈。园林在此不仅是观赏的场所，更是词人情感的寄托。

辛弃疾在《青玉案·元夕》中写道："东风夜放花千树，更吹落、星如雨。宝马雕车香满路。凤箫声动，玉壶光转，一夜鱼龙舞。蛾儿雪柳黄金缕，笑语盈盈暗香去。众里寻他千百度，蓦然回首，那人却在，灯火阑珊处。"这里的"玉壶光转"和"灯火阑珊处"描绘了元夕节时园林中灯火辉煌的景象。词人通过对节日场景的描写，展现了园林在节庆活动中的重要角色。园林在此不仅是欢庆的场所，更是人们情感交流和心灵共鸣的空间。

秦观在《浣溪沙·漠漠轻寒上小楼》中写道："漠漠轻寒上小楼，晓阴无赖似穷秋。淡烟流水画屏幽。自在飞花轻似梦，无边丝雨细如愁。宝帘闲挂小银钩。"这里的"画屏"和"宝帘"描绘了庭院中的装饰与氛围。词人通过对庭院内部陈设和外部景色的描写，营造了一种幽静而梦幻的意境。飞花与丝雨在庭院中显得格外轻盈，词人的思绪也在此得到了释放和升华。庭院在此不仅是居住的场所，更是词人内心世界的外化。

宋词中的园林与庭院，通过词人的细腻描绘和深刻感悟，展现了丰富的审美意趣和情感内涵。在这些词作中，园林与庭院不仅是物质的存在，更是精神和文化的象征，成为词人与自然、历史、生活对话的重要媒介。

（三）古典诗歌中的建筑审美

古典诗歌中的建筑审美，往往通过诗人对亭台楼阁、园林庭院等建筑空间的描绘，展现出独特的审美意趣和文化内涵。在这些诗作中，建筑不仅是物质的实体，更是精神的象征，承载着诗人的情感、哲思和人生理想。

古典诗歌中的建筑审美往往体现出一种和谐美。白居易在《钱塘湖春行》中写道:"最爱湖东行不足,绿杨阴里白沙堤。"这里的"白沙堤"是西湖边的一道堤坝,白居易通过对其周围景色的描写,展现了建筑与自然和谐共生的美。堤坝在绿杨阴里的掩映下,显得格外静谧和优美,这种和谐美不仅体现在建筑与自然的关系上,更体现在人与自然的和谐共处中。

古典诗歌中的建筑审美还体现出一种精致美。李清照在《如梦令·昨夜雨疏风骤》中写道:"试问卷帘人,却道海棠依旧。"这里的"帘"和"海棠"描绘了庭院中的精致装饰和自然景观。词人通过对细节的描写,展现了建筑内部陈设的精致和外部景色的优美,这种精致美不仅体现在建筑的细节处理上,更体现在诗人对生活细节的敏锐感受和深刻体察中。

古典诗歌中的建筑审美,通过诗人的细腻描绘和深刻感悟,展现了和谐美、精致美、历史美和情感美等多重审美意趣。通过这些诗句,我们不仅领略到古典建筑的壮丽与优雅,更感受到诗人们丰富的情感和深邃的思想。这些作品为我们理解古典诗歌中的建筑审美提供了珍贵的视角。

三、古代建筑与神话传说

(一)《山海经》中的神话建筑

《山海经》(图 3-7)作为中国古代一部充满神秘色彩的典籍,不仅记录了大量奇异的神话传说和地理知识,还描绘了许多神秘莫测的神话建筑。这些建筑往往位于高山深谷、海外仙岛,或是隐藏于云雾缭绕的仙境之中,充满了超凡脱俗的想象力和奇幻色彩。它们不仅是神灵和奇异生物的居所,更是古代先民对天地宇宙、自然神灵的敬畏和幻想。

图 3-7 《山海经》

《山海经》中的神话建筑常常与高山相联系，展现了古人对天地、宇宙的独特理解。例如，书中提到的"昆仑山"是天帝的下都，是众神汇聚的圣地。昆仑山上有"增城九重"，这是一座高达九层的城郭，层层叠叠，直入云霄，象征着天地之间的连接。增城不仅是神灵的居所，更是通往天界的通道，凡人若能抵达此处，便可获得长生不死。这样的神话建筑体现了古人对天界和永生的向往，以及对宇宙结构的奇幻想象。

在《山海经》中，还有一些神话建筑位于海外仙岛或神秘国度，充满了奇幻和神秘色彩。例如，"轩辕国"中的"轩辕之丘"是黄帝的居所，这里"凤鸟自歌，鸾鸟自舞"，环境优美，祥和安宁。轩辕之丘不仅是一座宏伟的建筑，更是黄帝及其后裔的神圣领地，象征着权力、智慧和永恒。此外，书中提到的"大人国""君子国"等神秘国度，也有着各自独特的建筑和风俗，这些建筑往往与奇异的自然景观和人文特色相结合，展现了古人对理想社会的幻想和追求。

《山海经》中的神话建筑还常常与奇异生物和神灵相伴，充满了神秘和敬畏色彩。例如，"海内北经"中记载的"烛龙"守护的"钟山"，是一座神秘的山岳建筑，烛龙以其巨大的身躯和神力，照亮了整个北方的天空。钟山不仅是神灵的居所，更是天地间重要的支柱，象征着宇宙的平衡和稳定。此外，书中提到的"扶桑树""若木"等神话植物，也常常与建筑相伴，成为连接天地、沟通人神的桥梁。

《山海经》中的神话建筑不仅是古人对自然和宇宙的奇幻想象，更是对神灵、生命和永生的深刻思考。这些建筑以其独特的形态和象征意义，展现了古人对天地结构、神灵世界和理想社会的独特理解和向往。通过这些神话建筑，我们不仅可以窥见古代先民丰富的想象力和创造力，更能感受到他们对天地、自然和神灵的敬畏和崇拜。这些神话建筑作为《山海经》的重要组成部分，为后人留下了一幅幅充满神秘和奇幻色彩的画卷，激发了无数人对古代神话和文化的探索和向往。

（二）民间传说与地方建筑

在中国的广袤大地上，许多地方建筑因民间传说而增添了神秘色彩，这些传说不仅赋予了建筑丰富的文化内涵，还使得它们在人们心中变得更加神圣和独特。民间传说与地方建筑的结合，往往反映了当地人民的生活、信仰和价值观，成为地域文化的重要组成部分。

以江南水乡的苏州为例，虎丘塔是苏州的标志性建筑之一，而关于它的建造，有一个广为流传的民间传说（图 3-8）。相传在春秋时期，吴王阖闾在与越国的战争中身亡，他的儿子夫差为了替父报仇，决定修建一座高塔以镇住吴国的龙脉，保佑吴国国运昌隆。在修建过程中，夫差命令工匠们日夜赶工，但塔身总是倾斜得厉害。后来，一位老工匠梦见一只猛虎盘踞在山丘上，醒来后他将梦境告诉了众人，并建议将塔建在山丘的虎形石上。按照他的建议，塔身果然稳固了，虎丘塔因此得名并屹立千年不倒。这个传说不仅解释了虎丘塔的建筑特色，还让它成为苏州人民心中保佑平安的象征。

图 3-8　苏州虎丘塔

　　在北方，山西的悬空寺则是另一个民间传说与地方建筑相结合的典范（图 3-9）。悬空寺建于悬崖峭壁之上，险峻异常。相传，鲁班的妻子对建筑技艺非常感兴趣，她希望建造一座不受风雨侵蚀的寺庙。在鲁班的指点下，她设计了悬空寺，利用悬崖的凹凸和木结构的巧妙结合，使得寺庙悬空而立，既能躲避风雨，又能展示建筑技艺的高超。这个传说不仅展现了古代工匠的智慧，还让悬空寺成了建筑技艺和自然环境完美结合的典范。

图 3-9　山西悬空寺

在福建土楼，民间传说同样赋予了这些独特的建筑丰富的文化内涵（图 3-10）。相传在很久以前，客家人为了躲避战乱和野兽的侵袭，决定建造一种既能居住又能防御的建筑。在一位智慧老人的建议下，他们利用当地的泥土和木材，建造了圆形或方形的土楼。这些土楼不仅能容纳整个家族，还具有极强的防御功能。在土楼的中心，通常设有一座祠堂，供奉祖先牌位，体现了客家人对家族和祖先的敬仰。这个传说不仅解释了土楼的建筑功能，还强调了家族团结和祖先崇拜的重要性。

图 3-10　福建土楼

民间传说与地方建筑的结合，使得这些建筑不仅仅是物质的存在，更成为文化、信仰和精神的载体。通过这些传说，地方建筑被赋予了深厚的文化内涵和独特的地方特色，成为地域文化的重要组成部分。无论是虎丘塔、悬空寺还是福建土楼，它们都在民间传说的映衬下，展现出了独特的魅力和永恒的价值。这些传说和建筑共同构筑了中国丰富多彩的文化遗产，为后人留下了宝贵的历史记忆和精神财富。

（三）文学作品中的虚构建筑与现实对照

在中国文学作品中，虚构建筑常常作为文化象征和情感寄托的载体，通过作者的想象和创造，赋予了这些建筑独特的象征意义和深厚的文化内涵。这些虚构建筑不仅丰富了文学作品的艺术表现力，还通过与现实的对照，引发了读者对历史、社会和人性的深刻思考。

以《红楼梦》为例，曹雪芹在这部伟大的古典小说中创造了一个名为"大观园"的虚构建筑群，作为贾府及其亲眷的生活场所。大观园不仅是小说中人物活动的重要舞台，更是封建社会末期贵族生活的缩影。园中的亭台楼阁、花草树木、曲水流觞，无不展现了中国古典园林建筑的美学精髓（图 3-11）。大观园的布局和设计，既体现了中国传统园林艺术的精妙，又通过其虚构性赋予了它象征意义和情感内涵。

图 3-11 大观园（虚构）

与现实对照，大观园可以被视为对中国古典园林建筑的艺术再现和理想化描绘。中国古典园林以其精巧的布局、自然与人工的和谐统一而著称，代表性的园林如苏州的拙政园、留园和北京的颐和园等。这些园林不仅是居住和游赏的场所，更是文人雅士寄托情怀、追求心灵宁静的理想之地。曹雪芹通过对大观园的描写，不仅展示了中国古典园林建筑的美学价值，更通过对园中人物命运的刻画，揭示了封建贵族家庭的兴衰和封建社会的没落。

在大观园中，每一个建筑和景观都有其独特的象征意义。例如，怡红院是贾宝玉的居所，象征着他的性格和命运；潇湘馆是林黛玉的住所，以其竹林和幽静的环境，象征着她的孤高和敏感；蘅芜苑则是薛宝钗的居所，以其简洁和实用，象征着她的务实和理性。这些建筑和景观不仅为小说中的人物提供了活动空间，更通过对它们的描写，揭示了人物的性格和命运，深化了小说的主题。

与现实中的古典园林相比，大观园的虚构性使其具有更大的艺术自由和象征空间。现实中的园林虽然精美，但其设计和建造往往受到实际功能和历史背景的限制，而大观园作为虚构建筑，可以根据作者的需要进行自由创作和理想化处理。例如，大观园中的"曲水流觞"和"桃花源"等景观，不仅是对中国传统文化的致敬，更是对理想生活和心灵自由的追求。

此外，大观园的虚构性还使其具有更强的象征和隐喻功能。在小说中，大观园的兴衰与贾府的命运紧密相连，它的繁荣和衰落象征着封建贵族家庭的兴衰和封建社会的没落。

《红楼梦》中的大观园作为虚构建筑，通过其独特的艺术表现力和深刻的象征意义，以及对现实的理想化和象征处理，引发了读者对历史、社会和人性的深刻思考。这座虚构的园林，作为文学作品的重要组成部分，为读者提供了一个思考现实和想象世界的窗口，展现了独特的魅力和永恒的价值。

四、建筑与文学中的文化认同

（一）建筑形式与民族文化认同

建筑形式与民族文化认同之间存在着紧密的联系，建筑不仅是一个民族物质文明的体现，更是其精神文化、价值观和历史记忆的重要载体。通过建筑形式，一个民族能够表达其独特的身份认同、文化传统和社会结构。建筑作为"石头的史书"，不仅记录了一个民族的历史变迁，更通过其空间布局、装饰风格和使用功能，反映了该民族的世界观、宗教信仰和社会习俗。

以中国传统建筑为例，中国古代建筑形式，如宫殿、庙宇、民居和园林等，均深刻体现了中华民族的文化认同和价值观念。北京的故宫作为中国古代宫殿建筑的代表，不仅是皇家权力的象征，更是中华文化中"天人合一"思想的体现。故宫的布局严格遵循中轴对称的原则，建筑群依南北轴线展开，象征着皇权的神圣和不可动摇。同时，故宫内的太和殿（图 3-12）、中和殿和保和殿等主要建筑，分别代表了不同的政治和礼仪功能，体现了中国古代儒家思想中的等级秩序和礼仪规范。通过故宫这一建筑形式，中华民族不仅展示了皇权的威严和国家的强盛，更通过对建筑布局和功能的安排，表达了对天地、祖先和礼仪的敬畏和尊重。

图 3-12　太和殿

中国传统民居同样体现了民族文化认同。以四合院为例，这种北京传统的住宅形式，不仅是一种居住空间，更是中国古代家庭伦理和社会关系的缩影（图 3-13）。四合院的布局以院落为中心，四面建房，体现了中国文化中"家"的核心地位和家族成员之间的紧密联系。四合院的设计不仅考虑到了居住的舒适性和私密性，更通过对空间的分割和使用，反映了中国传统家庭中的尊卑有序、长幼有别的伦理观念。通过四合院这一建筑形式，中华民族不仅展示了对家庭和亲情的重视，更通过对居住空间的安排，表达了对传统伦理和社会关系的认同。

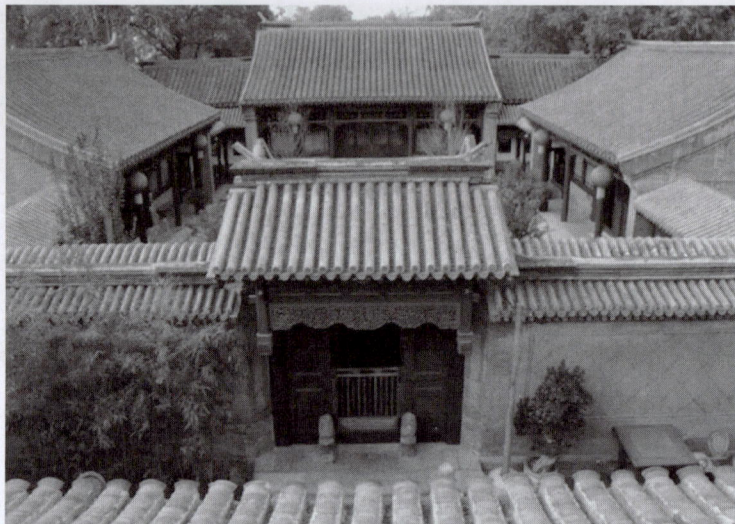

图 3-13　北京四合院

中国传统园林建筑也深刻体现了中华民族的文化认同。苏州园林作为中国古典园林的代表，以其精巧的布局、自然与人工的和谐统一而著称。园林中的亭台楼阁、曲水流觞、假山奇石，无不展现了中国传统文化中对自然美的追求和对心灵自由的向往。园林不仅是文人雅士寄托情怀、追求心灵宁静的理想之地，更是中华民族对"天人合一"哲学思想的实践和表达。通过园林建筑，中华民族不仅展示了其独特的审美情趣和生活哲学，更通过对自然和人工的巧妙结合，表达了对自然和生命的敬畏与热爱。

建筑形式与民族文化认同之间存在着深刻的内在联系。通过建筑形式，一个民族不仅能够展示其独特的物质文明和艺术成就，更能够表达其精神文化、价值观和历史记忆。中国传统建筑，如故宫、四合院和园林等，均深刻体现了中华民族的文化认同和价值观念。这些建筑形式不仅是中华民族物质文明的体现，更是其精神文化的载体，通过对建筑布局、装饰风格和使用功能的设计和安排，中华民族展示了其独特的身份认同和文化传统，引发了人们对历史、社会和文化的深刻思考。

（二）文学作品中的地域建筑与文化传承

文学作品中的地域建筑常常成为文化传承的重要象征，它们不仅构筑了人物活动的空间，还通过独特的建筑形式和风格，反映了特定地域的历史、文化和风土人情。

以鲁迅的小说《故乡》为例，作品中对江南水乡的描写，展现了这一地域独特的建筑形式和文化风貌。鲁迅通过细腻的笔触，描绘了江南水乡的民居、桥梁和小巷，这些建筑形式不仅是当地居民生活的场所，更是江南文化的物质载体。江南水乡的民居，多以白墙黛瓦、小桥流水为特色，体现了人与自然的和谐共生（图3-14）。鲁迅在作品中通过对这些建筑的描写，不仅展示了江南水乡的秀美风光，更通过对建筑背后文化内涵的挖掘，揭示了江南文化的独特魅力和深厚底蕴。

图 3-14　江南水乡的民居

鲁迅在《故乡》中对老屋的描写，是地域建筑与文化传承的另一个重要方面。老屋作为家族历史的见证，承载了几代人的记忆和情感（图3-15）。鲁迅通过对老屋的描写，展现了家族的历史和变迁，反映了传统文化的传承和演变。老屋不仅是物质的存在，更是精神的家园，它承载了人们对故乡的思念和对传统的认同。通过对老屋的描写，鲁迅不仅展示了地域建筑的独特风貌，更通过对家族历史的追溯，揭示了传统文化在现代社会中的传承和困境。

图 3-15　鲁迅故居

另一位作家沈从文在其作品《边城》中，通过对湘西地域建筑的描写，展现了这一地区的独特风貌和文化传承。湘西的吊脚楼是当地特有的建筑形式，它不仅是居民居住的场所，更是湘西文化的物质载体（图3-16）。吊脚楼依山傍水，建筑结构轻巧灵活，适应了当地的自然环境和生活方式。沈从文通过对吊脚楼的描写，不仅展示了湘西地区的自然风光和人文风貌，更通过对建筑背后文化内涵的挖掘，揭示了湘西文化的独特魅力和深厚底蕴。

图 3-16　湘西吊脚楼

《边城》中的白塔也是地域建筑与文化传承的重要象征。白塔作为当地的宗教建筑，不仅是信仰的场所，更是文化传承的标志。白塔的存在，反映了当地居民对自然和生命的敬畏，以及对传统文化的认同和坚守。通过对白塔的描写，沈从文不仅展示了湘西地区的宗教信仰和文化传统，更通过对建筑背后文化内涵的挖掘，揭示了传统文化在现代社会中的传承和演变。

文学作品中的地域建筑通过对建筑形式和风格的描写，不仅展现了特定地域的自然环境和人文风貌，更通过对建筑背后文化内涵的挖掘，揭示了民族文化的传承和发展。鲁迅和沈从文等作家通过对江南水乡和湘西地域建筑的描写，展示了这些地区独特的建筑风貌和文化传承，通过对家族历史和宗教信仰的追溯，揭示了传统文化在现代社会中的认同和演变。这些文学作品通过对地域建筑的描写，为读者提供了一个思考现实和想象世界的窗口，展现了独特的魅力和永恒的价值。

（三）传统建筑保护与文学呼吁

传统建筑是一个民族历史和文化的物质载体，承载着丰富的历史记忆和文化内涵。然而，随着现代化和城市化进程的加速，许多传统建筑正面临被拆除或被破坏的威胁。在这一背景下，保护传统建筑成为一项紧迫而重要的任务。文学作为一种具有广泛影响力的艺术形式，不仅可以通过作品唤起公众对传统建筑保护的关注，还可以通过生动的描写和深刻的情感表达，呼吁社会各界共同努力，保护和传承我们的文化遗产。

文学作品通过对传统建筑的描写，能够唤起读者对历史和文化的记忆，从而增强对传统建筑保护的意识。以冯骥才的小说《神鞭》为例，作品中对天津老城区传统建筑（图 3-17）的描写，展现了这座城市独特的历史风貌和人文景观。冯骥才通过细腻的笔触，描绘了老城区的街巷、院落和商铺，这些建筑不仅是居民生活的场所，更是城市历史的见证。通过对这些建筑的描写，冯骥才不仅展示了天津老城区的独特魅力，更通过对建筑背后文化内涵的挖掘，唤起了读者对城市历史和传统文化的记忆和认同。

图 3-17　天津老城区

文学作品还能够通过故事情节和人物情感，传达对传统建筑保护的呼吁。在王安忆的小说《长恨歌》中，上海的石库门建筑成为故事发展的重要背景。石库门作为上海独特的传统建筑形式，承载了上海市民的生活方式和文化记忆。王安忆通过对石库门建筑的描写，以及主人公王琦瑶在这些建筑中的生活经历，展现了上海这座城市的历史变迁和文化传承。小说中对石库门建筑的深厚情感，不仅反映了作者对传统建筑的热爱和珍惜，更通过对人物命运的描写，传达了对传统建筑保护的迫切呼吁。

文学作品还可以通过批判和反思，揭示现代化进程中传统建筑面临的破坏和威胁。在余秋雨的散文《文化苦旅》中，作者通过对各地传统建筑的考察和思考，揭示了现代化和城市化进程中，传统建筑所面临的危机。余秋雨在作品中通过对一些历史文化名城和古建筑的描写，表达了对这些文化遗产保护不力的痛心和忧虑。他呼吁社会各界关注传统建筑的保护，强调传统建筑不仅是历史的见证，更是民族文化的重要组成部分。通过对传统建筑保护的呼吁，余秋雨不仅唤起了读者对文化遗产的关注和珍惜，更通过对现代化进程的反思，提出了对文化传承的深刻思考。

文学作品还可以通过积极的行动和倡议，推动传统建筑保护的实践。许多作家和文化学者不仅通过作品呼吁传统建筑保护，还积极参与到实际的保护行动中。冯骥才作为一位作家和文化遗产保护的倡导者，不仅通过文学作品唤起公众对传统建筑保护的关注，还通过实际行动，如组织文化遗产保护活动、撰写保护提案等，推动传统建筑的保护和修复。他的努力不仅为传统建筑保护事业做出了重要贡献，更通过文学和实际行动的结合，为文化遗产保护提供了有力的支持和保障。

传统建筑保护需要全社会的共同努力，文学作为一种具有广泛影响力的艺术形式，可以通过作品唤起公众对传统建筑保护的关注和重视。通过对传统建筑的描写、情感表达、批判反思和实际行动，文学作品不仅展示了传统建筑的独特魅力和文化内涵，更通过对保护呼吁的传达，推动了传统建筑保护事业的发展。文学呼吁传统建筑保护，不仅是文化遗产传承的需要，更是对历史和文化记忆的珍惜和尊重。通过文学的呼吁和实际行动的结合，我们能够更好地保护和传承我们的文化遗产，让传统建筑在现代社会中焕发出新的生命力。

第二节　中国建筑与文字

一、建筑与文字的共生

中国文化中的象形文字与传统建筑设计理念之间存在着深刻的共通性，这种共生关系不仅体现在它们对自然的模仿和宇宙观的表达上，还反映出古人对人与环境和谐共处的追求。通过对这两者的探讨，我们可以更深入地理解中国古代文化的精髓，以及其在建筑和文字上的表现。

象形文字作为中国文字的起源，其基本特点就是通过简化和抽象自然物象来表达意义

（图 3-18）。例如，"日"字最初是一个圆圈，中间有一点，象征着太阳的形象；"山"字则是三个并列的峰形，象征着连绵的山脉。这些象形文字不仅仅是语言的记录工具，更是古人对自然界观察与理解的结晶。象形文字的这种"象形"特性，与中国传统建筑的设计理念有着深刻的共鸣。中国传统建筑，尤其是宫殿、庙宇和园林，往往追求与自然环境的和谐统一。建筑物的布局、形态和装饰常常模仿自然景观，以达到"天人合一"的境界。例如，北京的故宫，其建筑布局和空间结构就蕴含着"中轴对称""左祖右社"等宇宙观和礼仪制度，这与象形文字通过形态表达意义的理念如出一辙。

图 3-18　象形文字

在传统建筑设计中，自然景观常常被直接引入建筑空间。例如，中国古典园林设计讲究"虽由人作，宛自天开"，强调人工建筑与自然景观的融合。这种设计理念在苏州园林中表现得尤为明显，园中的假山、水池、植物等元素都被精心布置，以模仿自然山水，营造出一种诗意的居住环境。这种对自然的模仿和象形文字对自然物象的抽象表达有着异曲同工之妙，都是通过对自然形态的再现和重构，达到人与自然的和谐共处。

宇宙观是中国传统文化中的一个重要概念，它不仅影响了古人的哲学思想，还深刻影响了建筑和文字的设计理念。象形文字中常常蕴含着古人对宇宙和自然的理解和思考。例如，"天"字最初是一个正面的人形，头顶上有一个圆圈，象征着天空。这个字形不仅表达了古人对天穹笼罩大地的观察，还蕴含着他们对宇宙结构的理解。同样，传统建筑设计中也常常体现出古人对宇宙观的表达。例如，北京天坛的建筑布局和空间结构就蕴含着"天圆地方"的宇宙观，通过圆形和方形的组合，表达出古人对天地关系的理解。

通过对建筑与文字共生关系的探讨，我们可以更好地理解中国传统文化的博大精深。象形文字和传统建筑设计理念在对自然和宇宙观的表达上有着深刻的共通性，都是通过对自然形态的模仿和抽象，达到人与自然、人与宇宙的和谐共处。这种共生关系不仅体现了中国古代文化的深厚底蕴，还为现代建筑设计提供了丰富的灵感和素材。通过对文字与建筑的深入研究和创新运用，可以实现传统文化与现代设计的有机结合，为建筑空间注入更多的文化内涵和艺术价值。

未来，随着科技的发展和文化交流的深入，建筑与文字的共生关系将更加紧密。通过对汉字艺术的创新运用，可以为现代建筑设计注入更多的文化元素和艺术灵感，实现传统文化与现代设计的完美融合。这不仅是对中国传统文化的传承和发扬，更是对现代建筑设计理念的创新和突破。通过对建筑与文字共生关系的探讨，我们可以更好地理解和欣赏中国传统文化的博大精深，同时也为现代建筑设计提供了新的思路和方向。建筑与文字的共生，不仅是历史的积淀，更是未来的展望。

中国传统建筑中的风水学说，也是宇宙观在建筑设计中的具体体现。风水理论强调建筑与自然环境的和谐统一，通过合理的选址和命名，达到"藏风聚气"的效果。风水学说中，建筑选址讲究"龙脉""水口"等自然要素，而这些要素往往通过文字进行描述和命名。例如，北京故宫的选址，就遵循了"背山面水"的风水原则，其背后的景山和前面的金水河，都是通过文字和实际地形相结合的结果。这种通过文字和建筑共同表达宇宙观的方式，体现了中国传统文化中对自然和宇宙的深刻理解。

二、牌匾、楹联与园林题字

在中国传统建筑与园林的雕梁画栋间，牌匾与楹联如同点睛之笔，以精练的文字将建筑空间升华为文化精神的载体。这些镌刻于木石之上的文字，不仅是装饰艺术的结晶，更凝聚着古代文人对自然、人生与哲学的深刻思考，构建起建筑与人文的深度对话。

牌匾作为建筑的身份标识，常悬于门楣或厅堂核心，以书法为媒介传递场所精神。北京故宫"太和殿"的金漆匾额，以方正严整的楷书彰显皇家威仪，楠木浮雕的云龙纹饰与贴金工艺，将礼制秩序凝固于方寸之间；而苏州拙政园"远香堂"的青石匾额，取自周敦颐《爱莲说》"香远益清"，行书笔意清逸洒脱，与池中莲荷遥相呼应，暗喻园主王献臣罢官归隐后追求的高洁品性。这种"因景赋名"的智慧，使牌匾超越实用功能，成为建筑精神内核的诗意投射——寺庙"大雄宝殿"匾以浑厚隶书昭示佛法庄严，书院"学海无涯"匾借飞白笔法书写求知热忱，每一方匾额都是建筑灵魂的浓缩表达。

与之相映成趣的楹联，则以对仗工整的联句构建空间意境。苏州留园"墙外春山横黛色，门前流水带花香"的佳联，将园林借景手法转化为山水情怀的文字镜像。这些悬挂于廊柱间的文字，通过平仄韵律营造出独特的空间节奏：拙政园"爽借清风明借月，动观流水静观山"一联,以"借"字的表现手法强化园林的造景智慧,用"动 – 静"的辩证观揭示道家天人合一的哲思。当观者驻足诵读,楹联便成为引导视线与思绪的时空坐标,令建筑空间在文字中无限延展。

书法艺术的介入,赋予这些文字以跃动的生命力。岳阳楼"先天下之忧而忧,后天下之乐而乐"的楹联,墨迹如铸铁浇铸,将范仲淹的忧乐精神注入楼阁飞檐;文徵明为拙政园题写的"玉兰堂"匾额,行楷间透着江南文人的清雅气韵,与粉墙黛瓦共构水墨意境。不同书体与建筑性格的精准匹配,形成独特的美学密码:篆书的婉转圆润点缀藏书楼阁,隶书的古朴厚重奠定寺院根基,行草的潇洒随性激活园林亭榭。这种笔墨与空间的共舞,使建筑成为可阅读的立体书法卷轴。

承载文字的物质载体,同样诉说着文化叙事。紫禁城采用楠木贴金凸显皇家威仪,每道戗金工序都需匠人持特制竹刀勾勒万字纹;苏州网师园"殿春簃"的竹刻楹联,以浅浮雕呈现墨色晕染效果,与园中修篁形成材质共鸣。工艺细节中更暗藏等级礼制:寺院经幢梵文须经高僧朱砂拓印方显神圣,孔庙"万世师表"匾必用蓝底金字象征儒学正统。这些经过精雕细琢的木石,将抽象文字转化为可触摸的历史记忆,让文化精神在材质肌理中生生不息。

在古典园林的营造体系中,题字艺术更发展为意境建构的核心手段。拙政园"远香堂"借《爱莲说》的典故,使夏日荷香成为品德象征;狮子林"燕誉堂"以归燕意象隐喻家族兴盛,空间叙事在文字隐喻中悄然展开。题字位置暗含观景引导:拙政园"荷风四面亭"匾提示盛夏赏莲的最佳视角,沧浪亭"看山楼"暗示登高望远的空间节奏。碑刻则承担着历史记忆功能,颐和园《万寿山昆明湖记》碑以文字记录造园始末,石刻的刀法深浅模拟毛笔提按,令冰冷的石头焕发文书卷气。这种"景 – 文互释"机制,使园林成为立体的山水诗卷——当游人循着"得真亭"匾赏松听涛,按"与谁同坐轩"匾寻觅知音,文字便化作穿行于亭台水榭的文化导游。

这些凝聚着智慧的文字艺术,实为中华文明基因的载体。从岳阳楼"先忧后乐"的家国情怀,到寒山寺"钟声警世"的禅意顿悟,从书院"书山有路"的劝学精神,到民居"耕读传家"的价值宣言,牌匾楹联构建起跨越时空的文化认同。而在当代建筑实践中,当社区园林用激光雕刻技术再现《兰亭集序》,传统文字艺术正以新的方式参与现代空间叙事。

从紫禁城的金匾到江南园林的竹刻联,从寺庙经幢到民居门楣,这些镌刻在建筑肌理中的文字,早已超越装饰功能,成为中华文明的精神图腾。它们以书法为骨、文心为魂,将建筑转化为可阅读的思想文本,让每一个飞檐斗拱间都回荡着文化的余韵。这种"空间诗学"的智慧启示我们:真正的文化传承,不在于复制雕花窗棂的形式,而在于理解文字背后"天人合一"的哲学观照,让传统基因在现代设计中获得新生。当"清风明月"的意境融入城市景观，当"知行合一"的训诫点亮校园建筑，牌匾楹联承载的文明密码，将继续书写属于这个时代的文化叙事。

三、碑刻与铭文

碑刻与铭文作为中国古代建筑中的重要文化元素，通过文字记录了丰富的历史事件、人物事迹及精神传承，成为建筑历史和人文精神的重要载体（图 3-19）。这些镌刻在石头、金属或其他材质上的文字，不仅是建筑空间的装饰元素，更是历史记忆和文化传承的重要表现形式。通过研究古代建筑中的碑刻与铭文，我们可以深入了解古代社会的风貌、历史事件的细节以及人文精神的延续。

图 3-19　松阳古灌区碑文

碑刻与铭文的文字内容丰富多样，涵盖了历史事件的记录、人物事迹的赞颂以及精神文化的传承。例如，许多寺庙、祠堂、宫殿和陵墓中都有碑刻和铭文，详细记录了这些建筑的兴建缘由、历史背景和重要事件。北京故宫内的许多碑刻记录了明清两代皇帝的诏令、修缮工程和重大庆典，这些碑刻不仅是建筑历史的真实记录，也是研究明清政治、文化的重要资料。

在历史事件的记录中，碑刻与铭文常常起到"以史为鉴"的作用。例如，西安碑林的许多碑刻记录了唐代以来的重要历史事件，如《大秦景教流行中国碑》记录了基督教在唐代的传播情况，成为研究中外文化交流的重要资料（图3-20）。这些碑刻通过详细的文字记录，保存了大量珍贵的历史信息，为后人研究和了解历史提供了重要的第一手资料。

碑刻与铭文还常常用于赞颂和纪念人物事迹，表达对杰出人物的敬仰和怀念。例如，许多祠堂和墓地中的碑刻铭文，详细记录了先贤、忠臣、孝子、烈女的事迹，成为后人追寻根源的珍贵印记。苏州虎丘的"五人墓碑记"铭文，记录了明代苏州市民反抗阉党的英勇事迹，赞颂了他们的忠义精神和高尚品德。这些碑刻铭文通过文字的艺术表现，将人物事迹和精神品质永久保存，成为激励后人的精神力量。

在精神文化的传承中，碑刻与铭文常常蕴含着深刻的哲学思想和道德教化。例如，许多书院和寺庙中的碑刻铭文，记录了儒家、道家、佛家的经典教义和哲学思想，成为传播和弘扬传统文化的重要载体。岳麓书院的碑刻铭文，详细记录了历代学者对儒家经典的研究和阐释，成为书院教育和文化传承的重要组成部分。这些碑刻铭文通过文字的传承，将古代哲人的智慧和思想传递给后人，为后人的学习和修养提供了丰富的文化资源。

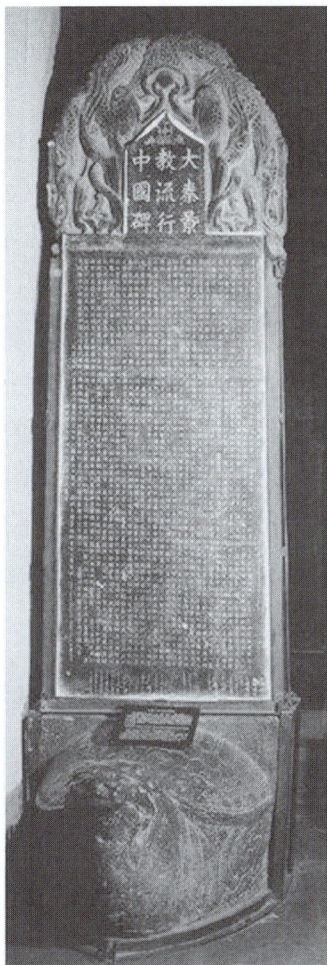

图 3-20 《大秦景教流行中国碑》

碑刻与铭文的文字艺术表现也是其重要特征之一。古代文人雅士在撰写碑刻铭文时，常常讲究文字的精练、对仗的工整和书法的美观。例如，许多碑刻铭文采用骈文或韵文的形式，讲究对偶句和音韵美，使得文字内容更具艺术感染力。唐代韩愈撰写的《平淮西碑》，不仅记录了平定淮西叛乱的历史事件，还以其精美的文字和书法艺术，成为碑刻文学的经典之作。这些碑刻铭文通过文字和书法的完美结合，使得建筑空间更具文化和艺术魅力。

碑刻与铭文的材质和工艺也是其重要组成部分。古代碑刻铭文通常选用优质的石材、金属等材质，经过精细的雕刻和加工，使得文字更具立体感和质感。例如，许多帝王陵墓中的碑刻选用坚硬的花岗岩或大理石，经过巧妙的雕刻和打磨，使得文字内容更加庄重肃穆。而一些寺庙中的铜质铭文，则经过精致的铸造和打磨，使得文字更具光泽和质感。这些精美的制作工艺，不仅提升了碑刻铭文的艺术价值，还增加了建筑的文化内涵。

通过对碑刻与铭文的研究，我们可以看到，它们通过文字的记录和艺术表现，不仅装饰了建筑空间，还传达了深厚的历史内涵和人文精神。碑刻与铭文作为建筑历史和人文精神的重要载体，体现了古人对历史、人物和精神文化的深刻思考和独特表达。它们不仅是建筑空间中的视觉符号，更是人们心灵深处对历史、文化和精神的深刻理解和永恒追求。

碑刻与铭文的文字艺术，通过历史事件和人物事迹的记录，将自然环境与人文精神巧妙结合，体现了中国传统文化中对历史记忆和精神传承的重视。通过对这些文化密码的解读，我们可以更好地理解中国古代文化的精髓，同时也为现代建筑设计和文化传承提供了丰富的灵感和启示。碑刻与铭文的结合，不仅是历史的积淀，更是未来的展望，它们在现代社会中的创新运用，将为建筑空间注入更多的文化内涵和艺术价值，为人们的生活带来更多的美好和启迪。

四、建筑命名与城市文脉

中国传统建筑与城市空间的命名体系，是文化基因的空间编码。从书院祠堂的教化性文字到都城街巷的象征性命名，文字通过建筑载体构建起伦理秩序与文化认同，形成"可阅读的城市肌理"。这种命名艺术既承载着历史记忆，又塑造着空间精神，在古今对话中延续文明脉络。

（一）建筑空间：文字书写的伦理课堂

书院与祠堂作为传统社会的精神殿堂，其空间命名直指教育本质。岳麓书院"惟楚有材，于斯为盛"的对联，以地域文化认同激发学子使命感；白鹿洞书院"学达性天"的题刻，将求知升华为天人合一的哲学追求。楹联更成为微型伦理教材：东林书院"风声雨声读书声，声声入耳；家事国事天下事，事事关心"一联，将书斋与天下关联，塑造士人精神格局。

祠堂空间则通过命名固化家族伦理。安徽宏村"敬修堂"匾额，以"敬"字统领家族行为准则；楹联"承前祖德勤和俭，启后孙谋读与耕"，将农耕文明的价值链刻入门楣。这些文字构成家族记忆的"活态档案"，使建筑空间成为代际教化的三维教科书。

（二）都城规划：命名构建的文明图式

古代都城命名是政治哲学的具象化表达。长安城朱雀大街以星宿之名对应"南朱雀"方位，将城市格局升华为宇宙模型；北京中轴线上的"永定门—正阳门—天安门—午门"命名序列，形成从世俗到神圣的空间递进。建筑群命名更暗含治国密码：故宫"太和""中和""保和"三殿，以"和"为核构建政治伦理；天坛"圜丘""祈年"之名，将祭天仪式转化为天人对话的符号系统。

街道命名则编织着文化网络：南京夫子庙地区的"贡院街""状元境"，凝固着科举记忆；苏州"太监弄""干将路"，以历史人物命名激活城市集体记忆。这种命名传统形成独特的空间语义场——当市民行走在"仁义巷""孝友里"，无形中接受着儒家伦理的空间启蒙。

（三）现代转型：文脉接续的命名智慧

当代城市在命名中平衡传统基因与现代性表达。北京"奥林匹克公园"的"水立方""冰丝带"等建筑命名，将科技意象融入汉语诗性表达；西安"曲江池遗址公园"沿用唐代地名，通过"阅江楼""藕香榭"等古典式命名唤醒历史层积。街道命名体系更具文化策略：杭州"求是路"延续书院文脉，深圳"创业路""创新大道"书写特区精神，成都"琴台路""锦里"激活蜀文化记忆。

新兴社区命名则展现文化创造力：上海"新天地"将石库门记忆转化为时尚符号，苏州工业园区"月亮湾""星湖街"以诗意命名柔化科技新城。这些实践表明，优秀的命名艺术需完成三重转换：将历史记忆转化为空间符号，使地方文脉对接当代生活，让命名体系本身成为城市文化IP。

（四）空间句法：命名的文化动力学

建筑与城市命名的深层价值，在于构建"空间—文化—人"的互动机制。福州三坊七巷将"衣锦坊""文儒坊"等唐宋坊名沿用至今，使游客在踏访林则徐故居、严复书院时，自然串联起"开眼看世界"的历史叙事。这种命名机制形成文化引力场：成都"宽窄巷子"通过名称的辩证趣味，将普通街巷转化为哲学体验空间；故宫"冰窖餐厅"以功能转化后的反差命名，激活建筑遗产的当代活力。

在全球化语境下，命名更成为文化认同的博弈场。香港"皇后大道"与"砵典乍街"的中英译名并存，铭刻着殖民与回归的历史褶皱；上海"霞飞路"更名为"淮海中路"，见证着民族意识的觉醒。这些命名变迁提醒我们：文字镌刻于建筑与街道的过程，实则是文明话语权的空间争夺。

第三节　中国建筑与绘画装饰

一、空间与意境的融合

中国建筑与绘画虽然在表现形式上有所不同，但在空间处理和意境营造上却共享着深厚的哲学基础。这种共同的哲学基础源于中国传统文化的核心思想，如"天人合一"和中国古典美学的重要概念，如"虚实相生"，这些理念不仅影响了中国人的世界观和人生观，也深刻塑造了中国建筑与绘画的美学原则和艺术表现。

（一）"天人合一"的哲学思想

"天人合一"是中国传统文化的重要哲学理念，强调人与自然的和谐共生。这一思想认为，人类作为自然的一部分，应该顺应自然规律，与自然和谐相处。在中国建筑中，这一理念体现在对自然环境的尊重和利用上。例如，中国传统园林建筑注重借景、对景和框景，通过精巧的布局和设计，将自然景观引入建筑空间，使建筑与自然融为一体。

以苏州园林为例，其设计精髓在于通过叠山理水、植树造景，营造出"虽由人作，宛自天开"的意境。园中的亭台楼阁、曲径通幽，无不体现出对自然景观的巧妙利用和再创造（图 3-21）。在这样的空间中，人们不仅能感受到建筑的美，更能体会到自然的力量和韵律，从而达到"天人合一"的境界。

图 3-21　苏州园林

在中国绘画中，"天人合一"的理念同样得到了充分体现。中国传统绘画强调"外师造化，中得心源"，即画家不仅要观察自然，还要通过内心的感悟和体验，将自然景观转化为艺术作品。例如，山水画作为中国传统绘画的重要题材，不仅追求对自然景观的真实再现，更注重通过笔墨和构图，表达画家对自然的理解和感悟。在这种艺术表现中，自然与人的心灵达到了高度的融合，体现了"天人合一"的哲学思想。

（二）"虚实相生"的美学原则

"虚实相生"是中国传统美学的重要原则，强调虚与实的对立统一和相互转化。在中国建筑中，这一原则体现在空间处理上，通过对虚空间的巧妙利用，营造出丰富的意境和层次感。虚空间是指未被实体建筑占据的部分，如庭院、天井、廊道等，这些空间虽然看似"虚"，但在建筑整体布局中却起到了至关重要的作用。

以四合院为例，其设计以院落为中心，四周建筑围合，形成一个相对封闭但又开放的空间（图3-22）。院落作为虚空间，不仅是家庭生活的核心，更是建筑与自然、人与人之间交流的场所。通过虚空间的设置，四合院不仅实现了建筑的功能需求，还营造出宁静、和谐的生活氛围，体现了"虚实相生"的美学原则。

图 3-22　四合院

在中国绘画中，"虚实相生"的原则同样得到了广泛应用。中国传统绘画强调"留白"，即通过在画面中留出空白，使观者产生联想和想象。这种"留白"不仅是一种技法，更是一种美学追求，通过虚与实的对比和呼应，使画面更具张力和深度。例如，在山水画中，画家常常通过留白来表现天空、水面和远山，使画面更具空间感和层次感。在这种虚实相生的构图中，观者不仅能感受到画面的美，更能体会到画外之意，从而达到"无画处皆成妙境"的艺术效果。

（三）空间与意境的融合

在中国建筑与绘画中，空间与意境的融合是共同的追求。无论是建筑还是绘画，都通过空间处理和意境营造，力求达到一种超越物质的、精神层面的体验。在中国建筑中，这种融合体现在对自然景观的引入和对虚空间的利用上，使建筑不仅具有实用功能，更成为人们心灵的栖息地。例如，苏州园林通过精巧的布局和设计，将自然景观与建筑空间有机结合，使人在其中不仅能感受到建筑的美，更能体会到自然的韵律和心灵的宁静。

在中国绘画中，空间与意境的融合体现在对自然景观的再现和对内心感悟的表现上。通过虚实相生的构图和留白的运用，画家不仅能表现出自然景观的美，更能通过画面传达出自己的情感和思想。例如，山水画中的留白不仅是为了表现天空、水面和远山，更是为了给观者留下想象的空间，使画面更具深度和意境。

中国建筑与绘画在空间处理和意境营造上共享着"天人合一"和"虚实相生"的哲学基础，这些理念不仅深刻影响了中国传统美学和艺术表现，也为我们理解和欣赏中国建筑与绘画提供了重要的视角。通过对这些哲学思想的探讨，我们不仅能更好地理解中国建筑与绘画的独特魅力，更能从中汲取智慧，为现代建筑和艺术创作提供有益的启示。在现代社会中，如何在建筑和艺术中实现空间与意境的融合，仍然是我们需要思考和探索的重要课题。

二、园林建筑中的绘画美学

中国传统园林建筑作为一种独特的艺术形式，不仅仅是为了居住和观赏，更是文人雅士心灵栖息和精神追求的场所。在这一方天地中，自然景观与人文情怀交融，叠山理水、景观布局都蕴含着深刻的绘画美学和诗情画意。通过借鉴中国传统绘画中的构图、笔墨和意境表达，园林建筑创造出了一种超越物质空间的精神体验。

（一）叠山理水：自然景观的艺术再造

叠山理水是中国传统园林建筑中最为重要的造景手法之一，通过人工手段再造自然山水，使园林呈现出自然山水的韵味和意境。在这一过程中，绘画美学起到了至关重要的指导作用。

1. 叠山：山岳之姿，笔墨之韵

叠山是指在园林中通过堆叠石块，营造出山岳的形态和气势。这一过程不仅是对自然山体的模仿，更是对山水画中山岳形态的艺术再现。在中国传统绘画中，山岳常常被赋予崇高、稳重的象征意义，通过笔墨的浓淡、干湿、虚实变化，表现出山的巍峨与灵动。

在园林建筑中，叠山不仅追求石块的形态美，更注重通过石块的组合和布局，表现出山岳的气势和韵律。例如，苏州留园的"冠云峰"以奇石叠成，峰峦起伏，气势磅礴，仿佛一幅立体的山水画（图 3-23）。通过叠山，园林不仅再现了自然山岳的形态美，更赋予了其人文情怀和诗意。

2. 理水：水体之态，画意之境

理水是指在园林中通过开挖池塘、引水入园，营造出水体的动态和静态美。在中国传统绘画中，水体常常被赋予灵动、柔和的象征意义，通过笔墨的流动和变化，表现出水的动态美和静态美。

图 3-23　苏州留园"冠云峰"

在园林建筑中，理水不仅追求水体的形态美，更注重通过水体的布局和流动，表现出水体的意境美。例如，苏州拙政园"远香堂"前的水池，通过曲折的岸线和错落的岛屿，营造出一种"山重水复疑无路，柳暗花明又一村"的诗意境界。通过理水，园林不仅再现了自然水体的动态美，更赋予了其人文情怀和画意。

（二）景观布局：诗情画意的空间营造

中国传统园林建筑的景观布局不仅追求视觉上的美感，更注重通过空间的安排和景物的设置，营造出诗情画意的境界。在这一过程中，绘画美学提供了重要的参考和借鉴。

1. 借景：景外之景，画外之画

借景是指通过巧妙的景观布局，将园外的自然景观或人文景观引入园内，使园内外的景物相互呼应，形成一个有机的整体。在中国传统绘画中，借景常常被用来丰富画面的层次和深度，通过远景、中景和近景的安排，表现出景外之景、画外之画。

在园林建筑中，借景不仅是为了扩大视觉空间，更是为了营造出一种诗意的境界。例如，苏州拙政园中的"见山楼"，通过借景将园外的北寺塔引入视野，使人在园中不仅能欣赏到园内的美景，更能感受到园外景物的诗意（图 3-24）。通过借景，园林不仅扩大了视觉空间，更丰富了人们的心灵体验。

图 3-24 苏州拙政园中的"见山楼"

2. 对景：视觉的焦点，心灵的共鸣

对景是指在园林中通过巧妙的安排，使某一景物成为视觉的焦点，引导人们的视线和情感。在中国传统绘画中，对景常常被用来突出画面的主题和情感，通过对某一景物的重点描绘，表现出画家的情感和思想。

在园林建筑中，对景不仅是为了引导视觉，更是为了引发心灵的共鸣。例如，苏州留园中的"揖峰轩"，通过正对"冠云峰"的布局，使"冠云峰"成为视觉的焦点，引导人们的情感投射到这一景物上，从而产生心灵的共鸣。通过对景，园林不仅丰富了视觉体验，更提升了人们的情感体验。

3. 框景：画框中的自然，心灵中的诗意

框景是指在园林中通过门窗、廊道等建筑元素，将某一景物框入其中，形成一幅立体的画面。在中国传统绘画中，框景常常被用来突出画面的主题和意境，通过对某一景物的框定，表现出画家的构图和意境。

在园林建筑中，框景不仅是为了突出景物的美感，更是为了营造出一种诗意的境界。例如，苏州拙政园中的"远香堂"，通过窗框将园外的水池和岛屿框入视野，形成一幅立体的画面，使人在室内也能感受到自然的美和诗意。通过框景，园林不仅丰富了视觉体验，更提升了人们的心灵体验。

（三）诗情画意的融合：自然与人文的交响

中国传统园林建筑通过叠山理水和景观布局，不仅再现了自然山水的美，更赋予了其人文情怀和诗意。在这一过程中，绘画美学提供了重要的指导和借鉴，使园林建筑不仅具有实用功能，更成为一种艺术表现和精神追求。

1. 自然与人文的融合

中国传统园林建筑强调自然与人文的融合，通过对自然景观的再造和人文元素的引入，使园林成为一个有机的整体。在这一过程中，绘画美学起到了至关重要的作用，通过对自然景观的艺术再现和人文情怀的表达，使园林不仅具有自然美，更具有文化内涵和诗意。

2. 诗情画意的表达

中国传统园林建筑通过叠山理水和景观布局，不仅追求视觉上的美感，更注重通过空间的安排和景物的设置，营造出诗情画意的境界。在这一过程中，绘画美学提供了重要的参考和借鉴，通过对自然景观的艺术再现和人文情怀的表达，使园林成为一个充满诗意和画意的空间。

中国传统园林建筑通过叠山理水和景观布局，体现了绘画中的诗情画意和自然美学。在这一过程中，自然与人文、诗情与画意交相辉映，使园林不仅成为一个物质空间，更成为一个精神家园。通过对这些园林美学的探讨，我们不仅能更好地理解中国传统园林建筑的独特魅力，更能从中汲取智慧，为现代建筑和景观设计提供有益的启示。在现代社会中，如何在建筑和景观中实现自然与人文、诗情与画意的融合，仍然是我们需要思考和探索的重要课题。

三、天工开物：中国传统建筑装饰艺术的精神图式

中国传统建筑装饰艺术在漫长的历史演进中，形成了独特的审美体系与文化编码。从敦煌石窟的佛国胜景到紫禁城的金龙藻井，从江南园林的写意山水到晋商大院的吉祥纹样，壁画与彩绘不仅承载着匠人们的巧思妙想，更构建起一套贯通天地人伦的象征系统。这种将物质建构与精神追求完美融合的艺术实践，展现出中华文明特有的空间认知与哲学智慧。

（一）丹青载道：壁画中的宇宙图景

1. 佛教壁画的时空叙事

敦煌莫高窟第 257 窟《鹿王本生图》（图 3-25）以 "之" 字形构图展开连续场景，通过九色鹿救人的佛教寓言，将印度 "一图多景" 的叙事传统与中国长卷式空间布局完美结合。画师运用赭石、石青等矿物颜料，在幽暗洞窟中营造出流动的视觉场域，使观者随着朝圣动线完成从俗世到净土的灵魂穿越。

图 3-25 《鹿王本生图》

2. 道教壁画的升仙程式

永乐宫三清殿《朝元图》（图 3-26）以 286 位仙真构成的庞大体量，演绎着道教"一气化三清"的宇宙生成论。壁画采用"主大从小"的造像法则，通过 3 米高的南极长生大帝与逐渐缩小的天兵神将形成视觉纵深感，暗合道教"炼精化气"的修行次第。青绿山水背景中的祥云纹以"S"形曲线连绵不绝，构成气韵流转的视觉隐喻。

图 3-26 《朝元图》

（二）彩绘密码：建筑装饰的符号系统

1. 礼制秩序的色谱演绎

和玺彩画建立的金—青—赤配色体系，实质是五行学说在建筑上的投射（图 3-27）。太和殿梁枋的金龙和玺以明黄为底，对应"中央土"的帝王方位；乾清门的青绿主调，则暗合"东方木"的生长之意。这种色彩政治学通过视觉强制力，将抽象的伦理纲常转化为可感知的空间秩序。

2. 技艺美学的双重突破

故宫宁寿宫区域的"一麻五灰"地仗工艺，十三道工序构筑的彩绘基底堪比西方油画底料。而苏式彩绘的"退晕"技法，通过色阶的渐变消解建筑体量，与江南园林"曲径通幽"的空间哲学形成互文。匠人发明的"谱子"拓印技术，既保证纹样的精确复制，又为即兴创作保留余地，彰显程式化与个性化的辩证统一。

图 3-27　和玺彩画

（三）营造法式：传统建筑的艺术基因

1.结构性装饰的力学智慧

曲阜孔庙大成殿的莲花斗拱彩绘，在美化构件的同时，通过色彩对比强化了斗拱的承托意象。这种"装饰即结构"的思维，将建筑力学转化为视觉张力，与西方将装饰作为附加物的理念形成鲜明对比。匠人们深谙"三分画，七分裱"的奥秘，使彩绘图案随建筑形制自然流转（图 3-28）。

图 3-28　曲阜孔庙莲花斗拱彩绘

2.空间叙事的仪式语法

五台山佛光寺东大殿在平闇天花上构建垂直向度的神圣空间，观者仰视时，渐变的蓝色背景产生空间延展幻觉，与水平展开的壁画形成三维坐标系。这种视觉引导机制，使建筑空间成为宗教仪轨的实体脚本。

3.自然观的诗意转译

颐和园长廊的苏式彩绘突破建筑界面限制，将昆明湖的烟波浩渺引入游廊空间（图3-29）。画师运用"散点透视"法，使移动观者获得"步移景异"的山水体验。彩绘中四季花卉的同时绽放，暗合中国艺术"超时空"的美学追求，在有限空间里营造出宇宙循环的永恒意象。

图 3-29　颐和园长廊的苏式彩绘

四、古法新声：传统装饰的当代启示

在苏州博物馆新馆的设计中，贝聿铭将海棠纹窗棂抽象为几何光影，传统纹样在现代语境中重获新生。这种创新启示我们：传统建筑装饰的传承，不应停留在纹样复刻层面，而应深入其背后的空间认知体系。当下建筑实践，正可借鉴传统匠人"观物取象"的思维方法，将文化记忆转化为契合当代审美的空间语言。

中国传统建筑装饰艺术犹如一部用色彩与线条书写的哲学典籍，其精妙处在于将形而上的道统观念，转化为可触可感的物质形式。从壁画的气韵生动到彩绘的礼制编码，从技艺的精工极致到空间的诗意营造，这些艺术特征共同构筑起中国建筑的独特美学范式。在全球化语境下，重审这份遗产，不仅为当代建筑注入文化基因，更为人类建造艺术提供了另一种思维向度——在功能与诗意之间，在技术与艺术之维，找寻天人合一的平衡之道。

五、民居营造中的地域美学密码

中国传统民居建筑装饰艺术绝非简单的技艺堆砌，而是在天人合一的哲学框架下，形成了一套完整的地域美学体系。从徽州马头墙的砖雕到闽南红砖厝的剪瓷，从晋中院落的木刻到岭南镬耳屋的灰塑，这些装饰语言既是建造技艺的结晶，更是地域文化基因的物化表达。它们以独特的材料工艺与空间语法，构建起中国人居环境中"技近乎道"的艺术境界。

（一）徽州营造：儒商文化的立体叙事

1. 三雕艺术的伦理编码

徽州古村落的建筑群，是儒商文化在空间中的凝固史诗。商贾簪缨的徽州人以宅邸为纸、雕刀为笔，将"贾而好儒"的精神密码镌刻于每一道飞檐与窗棂——高耸的马头墙以"五岳朝天"之势指向士人理想，四水归堂的天井却低垂如敛财之掌，隐喻"商儒共生"的双重身份认同。而砖、木、石三雕则化身伦理符号的视觉辞典：门罩上的"渔樵耕读"以砖雕定格四民秩序，梁枋间的"鹿鹤同春"借木雕演绎福禄隐喻，槛窗下的"冰梅纹"凭石雕警示修身之诫。三雕艺术以刀锋为语法，将忠孝节义、诗礼传家的抽象训诫，转译为草木虫鱼、戏文典故的具象叙事，甚至一方墀（chí）头、半截雀替，皆是儒家伦理的微型剧场。徽州营造，由此成为乡土中国"以礼化俗"的空间标本，亦是儒商群体"义利相济"的精神丰碑。

2. 空间装饰的隐喻系统

徽州古民居的营造，是儒商群体以砖木为经纬编织的文化密码。从高耸的马头墙到幽深的天井，每一寸空间皆是儒家伦理与商业智慧的辩证场域——马头墙以"五岳朝天"的陡峭轮廓指向士人"青云之志"，却又以层叠跌落的形制暗合商道"步步为营"的审慎；天井"四水归堂"的格局，既隐喻"财聚家兴"的世俗愿景，亦呼应"天人合一"的哲学理想。而梁枋、门罩、槛窗上的雕饰纹样，则构成一套精密的隐喻符号系统：门楣砖雕的"渔樵耕读"凝固了"士农工商"的阶层秩序，梁枋木雕的"郭子仪拜寿"演绎着忠孝节义的家国叙事，槛窗棂格的"冰裂纹"以破碎之态警示"慎独修身"的道德自律（图3-30）。甚至一方柱础、半截雀替，皆被赋予"礼乐教化"的功能——卷草纹隐喻生生不息，方胜结昭示同心共济，博古纹暗藏尚古崇文。这种空间化的伦理编码，让徽州建筑超越居住之需，成为儒商"贾而好儒"的身份宣言，亦是乡土中国"以礼入俗"的文化标本，在飞檐黛瓦间书写着一部无字的儒家伦理学教科书。

图 3-30　窗棂的冰裂纹饰

（二）江南民居：水墨精神的物化转译

江南民居营造堪称中国地域美学的典范之作，其空间构成中蕴藏着东方美学的深层密码。黛瓦白墙的素净基底，恰似宣纸上未着墨的留白，与粼粼水波相映成趣；错落有致的马头墙起伏如墨色皴擦，将山水画中的笔意凝固成建筑轮廓。院落布局暗合水墨章法的虚实相生，月洞门框景如画，曲廊导引视线游移，在移步换景间营造"可行可望可游可居"的山水意境。工匠将文人画的空灵意境转译为建筑语言：花窗纹样取自梅兰竹菊的写意笔触，砖雕木刻保留着水墨晕染的肌理，连青石铺地都讲究枯笔飞白的韵律。这种将水墨精神注入土木营造的智慧，既是对自然山水的人格化转译，更是将哲学审美凝固为生活场域的空间诗学。

（三）闽粤民居：海洋文明的装饰图谱

闽粤民居的营造是一部镌刻着海洋基因的立体典籍，其繁复精巧的装饰体系折射出山海交融的文明记忆。工匠以海洋为灵感母题，将澎湃的涛声凝练成屋脊飞扬的燕尾，让翻涌的浪纹爬满彩瓷剪贴的照壁，蚝壳镶嵌的墙面闪烁着粼粼波光，恰似退潮后遗落的月华。檐角灰塑的鱼龙昂首摆尾，与门窗棂格间游弋的八宝螺钿相映成趣，连墀头彩绘也跳跃着红珊瑚与玳瑁的斑斓光影。这种装饰美学不仅是对海洋馈赠的礼赞，更暗含乘风破浪的生存智慧——琉璃瓦当排布的船锚纹隐喻着对归航的守望，花岗岩基座雕刻的潮汐纹路记录着与自然博弈的刻度，在方寸之间将惊涛骇浪驯化为永恒凝固的祥瑞图腾。

（四）营造智慧的当代转译

苏州博物馆新馆的"片石假山"，将米芾山水画的皴法转化为混凝土肌理，传统装饰的写意精神在现代材料中重生（图 3-31）。北京菊儿胡同改造项目中，吴良镛将砖雕"卍字纹"解构为模块化砌体，既延续文化记忆又满足工业化建造需求。这些实践揭示：传统装饰艺术的真正价值，在于其处理"技"与"道"关系的思维模式，而非具体纹样本身。

图 3-31　苏州博物馆新馆的"片石假山"

中国传统民居装饰艺术犹如一部用斧凿刻写的文化密码本，其精妙处在于将地域特征、材料特性与人文理想熔铸为独特的视觉语言。从徽州三雕的伦理叙事到江南木作的笔墨意趣，从闽粤装饰的海洋基因到晋商大院的符号系统，这些地域化的艺术表达共同构成了中国建筑美学的多元谱系。在当代语境下重读这些营造智慧，不仅为地域建筑保护提供认知框架，更启示我们：真正的文化传承，应是激活传统基因，创造契合时代的新建筑语法。

六、城市规划与规划布局

中国古代城市规划和建筑布局深受绘画美学的影响，体现出独特的艺术魅力和文化内涵。在古都城建中，美学原则如对称、轴线和空间序列等，不仅是绘画艺术的重要表现手法，更是城市规划和建筑布局的核心指导思想。通过对这些美学原则的研究，我们可以深入理解中国古代城市规划和建筑布局的艺术性和功能性，以及它们如何在都城建设中得到应用和体现。

（一）均衡与和谐的追求

对称是中国古代城市规划和建筑布局中最重要的美学原则之一，体现了中国传统文化中对均衡与和谐的追求。在古都城建中，对称不仅是一种视觉上的美感，更是一种功能上的合理性和社会等级秩序的体现。

1. 对称的原则

对称的原则源于中国古代哲学中的阴阳平衡思想，强调事物之间的相互依存和相互对立。在城市规划中，对称表现为建筑群、街道、广场等空间元素的均衡布局。例如，北京故宫的布局以中轴线为对称轴，东、西六宫对称分布，表现出一种严谨的秩序感和均衡美。

2. 对称的应用

对称原则在古都城建中的应用广泛，不仅体现在整体布局上，也体现在建筑单体的设计中。例如，北京天坛的布局以南北中轴线为对称轴，建筑群左右对称，表现出一种庄严和神圣的氛围。在街道布局上，长安城的朱雀大街以中轴线为对称轴，两侧建筑对称分布，形成一种整齐划一的视觉效果。

3. 对称的效果

对称布局不仅使城市和建筑群具有视觉上的美感，更增强了空间的功能性和使用效率。对称的布局使空间更具秩序感和层次感，便于管理和使用，同时也体现了古代社会等级秩序和礼仪规范。

（二）空间组织的核心

轴线是中国古代城市规划和建筑布局中一个重要的美学原则，是空间组织的核心手段。轴线不仅决定了城市和建筑群的整体布局，更影响了空间的使用功能和视觉效果。

1. 轴线的原则

轴线原则源于中国古代绘画中的"经营位置"理论，强调空间元素的有序排列和有机联系。在城市规划中，轴线表现为主要道路、建筑群和开放空间的线性排列，形成一种明确的空间序列和导向性。例如，北京城的中轴线从永定门开始，经过正阳门、天安门、午门、太和殿、景山，直至钟鼓楼，形成了一条贯穿整个城市的空间轴线。

2. 轴线的应用

轴线原则在古都城建中的应用广泛，不仅决定了城市的主要交通路线，更影响了建筑群的布局和视觉效果。例如，长安城的布局以朱雀大街为主要轴线，两侧分布着宫殿、官署、市场和居住区，形成了一种明确的空间序列和导向性。在建筑群布局中，轴线原则使建筑单体之间具有有机联系，增强了整体的统一性和协调性。

3. 轴线的效果

轴线布局使城市和建筑群具有明确的空间序列和导向性，增强了空间的使用功能和视觉效果。轴线不仅使空间更具层次感和秩序感，更体现了古代社会等级秩序和礼仪规范，使城市和建筑群具有更高的艺术性和文化内涵。

（三）空间序列

空间序列是中国古代城市规划和建筑布局中另一个重要的美学原则，是层次与节奏的营造手段。空间序列不仅决定了空间元素的排列方式，更影响了空间的使用功能和视觉效果。

1.空间序列的原则

空间序列原则源于中国古代绘画中的"起承转合"理论，强调空间元素的有序排列和节奏变化。在城市规划中，空间序列表现为建筑群和开放空间的有序排列，形成一种具有层次感和节奏感的空间体验。例如，北京故宫的空间序列从午门开始，经过太和门、太和殿、中和殿、保和殿，直至后宫，形成了一种明确的空间层次和节奏变化。

2.空间序列的应用

空间序列原则在古都城建中的应用广泛，不仅决定了建筑群的布局方式，更影响了空间的使用功能和视觉效果。例如，苏州园林的空间序列通过亭台楼阁、假山池水、花木竹石的有序排列，形成了一种具有层次感和节奏感的空间体验。在城市布局中，空间序列原则使不同功能区之间具有有机联系，增强了整体的统一性和协调性。

3.空间序列的效果

空间序列布局使城市和建筑群具有明确的空间层次和节奏感，增强了空间的使用功能和视觉效果。空间序列不仅使空间更具层次感和节奏感，更体现了古代文化中的审美追求和生活哲学，使城市和建筑群具有更高的艺术性和文化内涵。

（四）案例分析

北京城作为中国古代都城的典范，其规划和布局充分体现了对称、轴线和空间序列等美学原则（图3-32）。

1.对称原则的体现

北京城的布局以中轴线为对称轴，东、西六宫对称分布，表现出一种严谨的秩序感和均衡美。例如，故宫的布局以中轴线为对称轴，建筑群左右对称，形成了一种庄严和神圣的氛围。

2.轴线原则的体现

北京城的中轴线从永定门开始，经过正阳门、天安门、午门、太和殿、景山，直至钟鼓楼，形成了一条贯穿整个城市的空间轴线。这条轴线不仅决定了城市的主要交通路线，更影响了建筑群的布局和视觉效果。

3.空间序列原则的体现

北京故宫的空间序列从午门开始，经过太和门、太和殿、中和殿、保和殿，直至后宫，形成了一种明确的空间层次和节奏变化。这种空间序列不仅使故宫更具层次感和节奏感，更体现了古代社会等级秩序和礼仪规范。

图 3-32　北京城

中国古代城市规划和建筑布局中的对称、轴线和空间序列等美学原则，不仅是绘画艺术的重要表现手法，更是古都城建的核心指导思想。在现代城市规划和建筑设计中，如何在功能与美学、物质与精神之间实现平衡，仍然是我们需要思考和探索的重要课题。通过对传统美学原则的研究，我们不仅能更好地理解中国古代城市的独特魅力，更能从中汲取智慧，为现代城市规划和建筑设计提供有益的启示。

七、建筑与绘画的互动

中国古代绘画作品不仅是艺术的结晶，更是历史、文化和生活的重要记录。《清明上河图》作为宋代绘画的杰出代表，生动地再现了宋代城市建筑和市井生活，为我们研究宋代城市风貌提供了珍贵的视觉资料。通过对《清明上河图》等古代绘画作品的分析，我们可以深入理解宋代城市建筑的特点和市井生活的丰富多彩，以及绘画作品如何在建筑与生活的互动中发挥记录和表现的作用。

（一）《清明上河图》：宋代城市风貌的视觉记录

《清明上河图》是北宋画家张择端创作的一幅绢本设色长卷，描绘了北宋都城汴京（今河南开封）的城市风貌和市井生活。这幅画卷全长约 528 厘米，宽 24.8 厘米，以全景式的构图和细腻的笔触，展现了汴河两岸的繁华景象和丰富多彩的市井生活（图 3-33）。

1. 画卷的结构与内容

《清明上河图》从郊外开始，经过城门，进入市区，最后到达汴河两岸，描绘了汴京的城市布局、建筑风貌和市井生活。画卷内容丰富，包括城门、桥梁、街道、店铺、酒楼、茶馆、民居、船只、车马、行人等，展现了宋代城市的繁荣和市井生活的多样性。

图 3-33 清明上河图

2. 城门与桥梁

画卷起始于汴京的郊外，首先映入眼帘的是一座高大的城门，城门两侧有守卫，城门上方有瞭望台，表现出城市防御设施的完善。城门前的桥梁是画卷的重要场景之一，桥梁结构精巧，桥上有行人、车马、商贩，桥下有船只往来，表现出汴河的水运繁忙。

3. 街道与店铺

进入城门后，画卷展现了繁华的街道和琳琅满目的店铺。街道两旁有酒楼、茶馆、药铺、布庄、书肆等各种商铺，店铺前有招牌、幌子，表现出商业的繁荣。街道上有行人、车马、轿子、商贩，表现出市井生活的丰富多彩。

4. 民居与市井生活

画卷中还描绘了各种类型的民居，从简陋的平房到豪华的宅邸，表现出城市居民生活的多样性。民居前有庭院、花园，表现出居住环境的舒适。市井生活中，有各种职业的市民，如商贩、艺人、工匠、乞丐等，表现出市井生活的多样性和活力。

（二）宋代城市建筑的特点

通过对《清明上河图》的分析，我们可以总结出宋代城市建筑的几个显著特点。

1. 城市布局的合理性

宋代城市布局合理，城门、桥梁、街道、店铺、民居等建筑元素有机结合，形成了一个功能完善的城市体系。城门是城市的重要防御设施，桥梁是城市交通的重要枢纽，街道是城市商业和生活的重要场所，店铺是城市经济的重要组成部分，民居是城市居民生活的重要空间。

2. 建筑风格的多样性

宋代城市建筑风格多样，从简陋的平房到豪华的宅邸，从普通的商铺到高档的酒楼，表现出建筑风格的多样性和丰富性。不同的建筑类型和风格，反映了城市居民不同的社会地位和经济状况。

3. 商业建筑的繁荣

宋代城市商业建筑繁荣，街道两旁商铺林立，满足了城市居民的日常生活需求，也促进了城市经济的发展。

4. 居住环境的舒适性

宋代城市民居建筑注重居住环境的舒适性，民居前有庭院、花园，表现出居住环境的优雅和舒适。庭院和花园不仅美化了居住环境，也为居民提供了休闲和娱乐的空间。

（三）绘画作品在建筑与生活互动中的作用

《清明上河图》等古代绘画作品，不仅是艺术的结晶，更是历史、文化和生活的重要记录。它们在建筑与生活的互动中发挥了重要作用。

1. 记录历史

绘画作品生动地记录了历史，通过绘画作品，我们可以直观地了解古代城市建筑和市井生活的风貌，理解古代社会的发展和变迁。

2. 表现文化

绘画作品深刻地表现了文化，通过绘画作品，我们可以深入理解古代文化的内涵和精髓，理解古代人民的生活方式、价值观念和审美趣味。

3. 传承艺术

绘画作品有效地传承了艺术，通过绘画作品，我们可以学习古代艺术的技法和风格，理解古代艺术家的创作思想和艺术追求。

宋代城市建筑的合理布局、多样风格和繁荣商业，市井生活的丰富多彩和社交广泛，都在《清明上河图》中得到了生动再现。绘画作品不仅是艺术的结晶，更是历史、文化和生活的重要记录，通过对它们的分析，我们可以更好地理解古代城市风貌和市井生活，从中汲取智慧，为现代城市规划和生活设计提供有益的启示。

八、现代建筑中的传统绘画元素

随着全球化进程的加速和现代建筑技术的飞速发展，如何在现代建筑中融入传统元素，实现传统与现代的对话和融合，成为当代建筑设计的重要课题。在中国，新中式建筑风格的兴起，正是对这一课题的积极回应。新中式建筑风格不仅在形式上借鉴传统建筑的元素，更在精神上传承了中国传统绘画的美学理念，通过现代材料和技术手段，实现了传统绘画元素在现代建筑中的创新应用。本文将探讨现代中国建筑中如何融入传统绘画元素，实现传统与现代的对话和融合。

（一）传统绘画元素在现代建筑中的传承

中国传统绘画元素丰富多样，包括山水、花鸟、人物、书法等，这些元素不仅具有极高的艺术价值，更蕴含着深刻的文化和哲学内涵。在现代建筑中，传统绘画元素的传承主要体现在建筑设计的形式、色彩、材质和空间布局等方面。

1. 形式：借鉴传统绘画的构图和造型

传统绘画中的构图和造型是现代建筑设计的重要灵感来源。例如，中国山水画讲究"以形写神"，强调通过山川、河流、树木等自然元素的布局和造型，表现出自然的美和人文的关怀。现代建筑设计中，通过借鉴山水画的构图和造型，可以实现建筑与自然的和谐统一。

案例分析：苏州博物馆

苏州博物馆新馆由著名建筑师贝聿铭设计，是现代建筑中融入传统绘画元素的典范。博物馆的整体布局借鉴了中国山水画的构图，通过假山、水池、植被等自然元素的布置，营造出一种山水画般的意境。建筑造型简洁流畅，与周围的自然环境相得益彰，表现出"天人合一"的哲学理念（图3-34）。

图 3-34　苏州博物馆新馆

2. 色彩：运用传统绘画的色彩体系

传统绘画中的色彩体系丰富多样，包括青绿、朱砂、赭石、花青等，这些色彩不仅具有极高的视觉美感，更蕴含着深刻的文化和象征意义。现代建筑设计中，通过运用传统绘画的色彩体系，可以增强建筑的文化内涵和视觉效果。

案例分析：北京大兴国际机场

在北京大兴国际机场的室内设计中，运用了大量传统绘画中的色彩元素。例如，在航站楼内部，采用了大量的红色和金色，这些色彩不仅具有强烈的视觉冲击力，更蕴含着吉祥、喜庆的文化象征意义。通过这些传统色彩的运用，机场建筑不仅具有现代化的功能和设施，更表现出深厚的文化底蕴和民族特色（图3-35）。

图3-35　北京大兴国际机场的室内设计

3.材质：融合传统绘画的材质和工艺

传统绘画中的材质和工艺是现代建筑设计的重要参考。例如，中国画中的纸、绢、墨、颜料等材质，以及装裱、拓印、雕刻等工艺，这些材质和工艺不仅具有极高的艺术价值，更蕴含着丰富的文化内涵。现代建筑设计中，通过融合传统绘画的材质和工艺，可以增强建筑的艺术效果和文化价值。

案例分析：上海世博会中国馆

在上海世博会中国馆（现为中华艺术宫）的设计中，运用了大量传统绘画的材质和工艺。例如，建筑外立面采用了红色的金属网，这种材质不仅具有现代感，更与传统的中国红和剪纸工艺相呼应，表现出浓厚的民族特色和文化内涵。通过这些传统材质和工艺的运用，中国馆不仅具有现代化的外观和功能，更表现出深厚的文化底蕴和艺术价值（图3-36）。

图 3-36　上海世博会中国馆

（二）传统绘画元素在现代建筑中的创新

在现代建筑中，传统绘画元素的创新应用是实现传统与现代对话和融合的重要途径。通过对传统绘画元素的重新诠释和创新应用，现代建筑设计不仅可以传承传统文化，更可以在现代语境中赋予其新的生命和意义。

1. 数字化技术的应用

在现代建筑设计中，数字化技术的应用为传统绘画元素的创新提供了新的可能性。例如，通过计算机辅助设计（CAD）、建筑信息模型（BIM）、3D 打印等技术，可以对传统绘画元素进行数字化处理和重构，实现传统元素的现代化表达。

案例分析：深圳当代艺术与城市规划馆

在深圳当代艺术与城市规划馆的设计中，运用了大量数字化技术对传统绘画元素进行创新应用。例如，建筑外立面采用了大量的数字化雕刻和印刷技术，对传统的山水画和书法元素进行数字化处理，并通过现代材料和工艺进行重构，表现出一种现代与传统相结合的美学效果。通过这些数字化技术的应用，规划馆不仅具有现代化的外观和功能，更表现出浓厚的文化底蕴和艺术价值（图 3-37）。

2. 空间设计的创新

在现代建筑设计中，空间设计的创新是实现传统绘画元素现代化表达的重要途径。通过对传统绘画元素的空间布局和功能设置进行重新设计，可以实现传统元素在现代建筑中的创新应用。

图 3-37 深圳当代艺术与城市规划馆

案例分析：杭州中国美术学院象山校区

在杭州中国美术学院象山校区的设计中，通过对传统绘画元素的空间布局和功能设置进行创新应用，实现了传统与现代的融合。例如，校园内的建筑和景观设计借鉴了中国山水画的构图和造型，通过假山、水池、植被等自然元素的布置，营造出一种山水画般的意境。同时，建筑内部的空间设计也充分考虑了现代教学和生活的需求，实现了功能与美学的完美结合（图 3-38）。

图 3-38 杭州中国美术学院象山校区

3. 材料与工艺的创新

在现代建筑设计中，材料与工艺的创新是实现传统绘画元素现代化表达的重要手段。

通过对传统材料和工艺的现代化处理和创新应用，可以增强传统元素的现代感和艺术效果。

案例分析：北京颐和园东宫门

在北京颐和园东宫门改造项目中，通过对传统材料和工艺的创新应用，实现了传统绘画元素的现代化表达（图3-39）。例如，传统材料的现代修缮：在对东宫门周边建筑进行修缮时，遵循传统材料的使用原则，如影壁东侧墙面按传统红墙面做法，先采用靠骨红灰打底，再行墙面通罩红浆。同时，在木材的选用和处理上，严格按照古建筑修缮要求，对腐朽破损的椽望进行更换，确保建筑结构的稳定性和耐久性，使传统材料在现代修缮技术下得以更好地发挥作用。

图 3-39 北京颐和园东宫门

在现代中国建筑中，传统绘画元素的融入不仅是传承传统文化的重要途径，更是实现传统与现代对话和融合的重要手段。新中式建筑风格的兴起，正是对这一理念的积极实践和探索。通过对《清明上河图》等传统绘画作品的分析和借鉴，现代建筑设计可以更好地理解和应用传统绘画元素，实现建筑与文化的双重传承和创新。通过对传统绘画元素的创新应用，我们可以更好地理解中国传统文化的独特魅力，更能从中汲取智慧，为现代建筑设计提供有益的启示。

【学习笔记】

复习思考题

1. 中国古代文学中的建筑描写（如《阿房宫赋》《醉翁亭记》）如何体现建筑的物质功能与精神象征的双重意义？

2. 唐诗中的亭台楼阁（如杜甫《登高》、李白《夜泊牛渚怀古》）如何通过建筑意象表达诗人的情感与哲思？

3. 中国传统建筑（如故宫、四合院）的形式与布局如何体现民族文化认同？

第四章　中国传统建筑分类

第一节　宫殿建筑

宫殿建筑是中国古代极具规模与象征意义的建筑类型，是帝王居所与权力象征，兼具强大功能性、艺术性与哲学内涵，在布局、结构、装饰等方面遵循"尊卑有序、等级分明"原则，体现封建制度的严密性。其规划理念突出皇权至高无上，采用严格中轴对称布局，中轴线上建筑高大华丽，两侧相对低小简单，且遵循"左祖右社""前朝后寝"的布局模式。"宫"在秦代以前指普通房屋，秦汉后专指王者居所，与公务殿堂合称宫殿。宫殿常是国家权力中心，是最宏大豪华的建筑群。宫殿起源于夏代，历经各朝发展，传承有序，各代有所增益，其设计思想强调秩序和逻辑，用以渲染皇权意识，具有鲜明的民族和时代特色。

一、宫殿建筑概述

中国宫殿建筑有着独特的布局，多遵循中轴线对称原则，以主要宫殿为核心，左右对称分布其他建筑。如故宫，从南至北，午门、三大殿、后三宫等沿中轴线有序排列，这种布局不仅彰显出庄重与威严，更体现了古代等级分明的秩序观念，凸显皇权的至高无上，让整个宫殿建筑群在规整中蕴含着宏大的气势。

其建筑材料和工艺都极为讲究。木材多选用优质的金丝楠木等，质地坚实且纹理美观；石材则常用汉白玉用于雕刻装饰。工艺上，斗拱这一独特构件巧妙地将力学与美学融合，既支撑建筑又极具装饰性；彩画工艺丰富多样，和玺彩画用于主要殿堂，色彩绚丽、图案精美；琉璃瓦烧制精良，色彩夺目，黄色琉璃瓦更是皇家专属，这些材料与工艺共同造就了宫殿建筑的华丽与坚固。

中国宫殿建筑还承载着深厚的文化内涵与多重功能。它是传统文化的重要载体，建筑装饰中的图案、雕刻等蕴含着吉祥寓意与神话故事。同时，它作为封建王朝的权力中心，是皇帝举行重大仪式、处理政务的地方，如登基、朝会等在此举行；后宫则是皇室生活起居之所，这种功能分区明确且严格，充分体现了封建等级制度下的宫廷生活秩序。

二、宫殿建筑的形成与历史演变

起源上，宫殿建筑是国家、阶级、王权出现后的产物，是皇权和国都的象征。河南偃师二里头遗址中的夏王朝中晚期和商朝早期宫殿，是迄今已知最早的宫殿遗迹，其建筑布局为廊庑围绕的庭院结构，有前门入口及主体殿堂，内部划分为前厅与后室，奠定了宫殿前朝后寝的布局基础。

演变方面，在河南郑州、湖北黄陂盘龙城、河南安阳殷墟等地均发现宫殿遗址，其建筑布局沿中轴线分布且不断发展完善。战国时高台建筑兴起，秦咸阳宫殿以高地筑台，而秦始皇所建的阿房宫规模宏大。西汉长安的未央宫、长乐宫、建章宫等，各宫独立围墙，主门双阙，中轴对称布局。魏晋南北朝时期，曹魏邺城宫殿布局北部集中，常见南北纵深布局，内设前朝后寝。唐长安宫殿布局有序，有太极宫、大明宫、兴庆宫等，其中大明宫的建筑艺术达到顶峰。北宋汴梁宫前广场有创新，宫殿建筑内部的殿堂组合采用工字形平面等。南宋的临安宫殿在州衙基础上改建。元大都宫殿模仿金中都，前朝后寝，宫前广场气势增强。

明清时期是宫殿建设的第三个高峰，北京宫城即紫禁城，在元大都基础上南移宫墙，增加端门，宫前广场串连为三，气势更盛。宫内布局为前朝三大殿、后寝三大宫和御花园，保留宋、金工字殿痕迹，中轴线左右有文华、武英两殿及东西六宫等，其建筑体现了中国古代宫殿建筑的最高水平。

三、宫殿建筑的形制及艺术特色

宫殿建筑通常采用规整对称的布局，遵循中轴对称原则，以凸显皇权的至高无上。主体建筑沿中轴线依次排列，如故宫的午门、太和门、太和殿、中和殿、保和殿等（图4-1），从前至后秩序井然。宫殿一般分为前朝和后寝两部分，前朝是皇帝举行大典、处理朝政的地方，建筑宏伟壮观，空间开阔；后寝是皇帝和后妃们生活起居的区域，相对较为私密，布局紧凑。同时，宫殿建筑多以院落为基本单元，通过门、廊等相互连接，形成庞大而有序的建筑群，如北京故宫就是由众多四合院式的院落组合而成。

（a）午门　　　　　　　　　　　　　（b）太和门

图4-1　故宫午门和太和门

宫殿屋顶形式丰富多样，不同形式的屋顶具有不同的等级和用途，庑殿顶庄重宏伟，多用于宫殿的正殿，如故宫太和殿采用的重檐庑殿顶是最高等级的屋顶形式；歇山顶秀丽轻盈，常出现在宫殿的次要建筑中；攒尖顶则用于一些特殊的建筑，如故宫中和殿的四角攒尖顶、天坛祈年殿的圆形攒尖顶等，造型优美独特。斗拱在宫殿建筑中广泛应用，它不仅具有承重和挑檐的功能，还起到了装饰作用，使建筑更加华丽壮观，如故宫角楼的斗拱，曲线整齐划一、弧度优美，给人以极强的艺术感和节奏感。此外，宫殿建筑的色彩也极为讲究，通常采用红墙黄瓦、青绿梁枋等，色彩对比强烈，给人以金碧辉煌、庄严肃穆之感。

宫殿建筑常常依山傍水而建，巧妙地将自然景观融入建筑之中，如颐和园中的宫殿建筑，与昆明湖、万寿山相互映衬，营造出宛如仙境的氛围。宫殿建筑的装饰精美绝伦，木雕、石雕、砖雕、彩画等工艺精湛，题材广泛，包括人物、动物、植物、几何图案等，寓意吉祥美好，如故宫太和殿内的金龙和玺彩画，展现了高超的艺术水平和皇家的威严。宫殿建筑还蕴含着丰富的文化内涵和象征意义，通过建筑的布局、形式、装饰等体现了封建等级制度和皇家的尊贵地位，同时也承载了中国传统文化中"天人合一""中正和谐"等思想观念，如故宫的三大殿取名太和、中和、保和，体现了对和谐、和平的追求。

四、宫殿建筑赏析——故宫

（一）布局规划巧妙

故宫严格遵循中轴对称原则，主要建筑沿南北向中轴线排列，三大殿、后三宫、御花园等皆在轴线上，左右对称展开。这种布局体现出皇权的至高无上，使建筑群庄重稳定、秩序井然，给人强烈的视觉与心灵冲击。此外故宫分为前朝和内廷，前朝以太和殿、中和殿、保和殿为中心，是皇帝处理政事、举行大典之地，建筑宏伟，庭院开阔；内廷以乾清宫、交泰殿、坤宁宫为中心，是皇帝及家眷居住休憩之处，庭院深邃，建筑紧凑，东西六宫相对排列。

故宫在布局上遵循"左祖右社"原则，东侧修建祖庙（太庙）用于祭祀祖先，西侧修建社稷坛用于祭祀土地神和谷神，体现了古代对祖先崇拜和农业生产的重视。

（二）建筑艺术精湛

故宫建筑屋顶形式多样，屋顶上的琉璃瓦色彩鲜艳，脊兽形态逼真，兼具实用与装饰功能。

故宫采用中国传统木构架结构，以木材为主要材料，由立柱、横梁、斗拱等构件组成，抗震性好，能承受较大荷载，还使建筑轻盈灵动。斗拱位于立柱和横梁间，制作精美、形式多样，是建筑艺术瑰宝。故宫以红、黄、白为主色调，红墙黄瓦、金碧辉煌。红色代表吉祥繁荣庄重，黄色是皇家专用色，象征皇权至上，白色的汉白玉栏杆和台阶起到衬托调和作用，使建筑群更加和谐统一，建筑彩画也精美绝伦。

（三）装饰细节精美

故宫雕刻艺术绝伦，包括石雕、木雕、砖雕等。太和殿丹陛石上的龙凤图案石雕是代表作，宫殿内门窗、梁柱上的花卉、动物、人物等雕刻，刀法细腻，线条流畅，栩栩如生。彩画艺术杰出，主要有和玺彩画、旋子彩画和苏式彩画三种。和玺彩画以龙为主要图案，多用于宫殿主要部位；旋子彩画以旋花为主要图案，多用于次要部位；苏式彩画以山水、人物、花鸟等为主要图案，多用于园林和住宅建筑。

故宫内陈设大量文物和艺术品，如青铜器、瓷器、书画、家具等，这些陈设历史艺术价值高，也是建筑装饰重要部分，太和殿内的金漆雕龙宝座、屏风等，造型精美，工艺精湛，与宫殿相得益彰。

（四）文化内涵深厚

故宫是明清皇帝居所和执政场所，是皇权象征。宫殿规模、布局、装饰等都体现皇权至高无上和封建统治威严，建筑和陈设的等级制度严格，反映出封建等级制度的森严。见证了明清两代 500 多年历史变迁，发生过许多重大历史事件，如皇帝登基、大婚、祭祀等典礼，以及朝廷政治决策、外交活动等，对中国历史发展影响深远，宫内保存的大量历史文物和档案资料，是研究明清历史的重要实物依据。

故宫是中国传统文化重要载体，蕴含丰富文化内涵。建筑、装饰、陈设艺术等体现了儒家、道家、佛教等传统文化精髓，还收藏大量涵盖中国古代文化各个领域的文物和艺术品，是中国传统文化瑰宝，对传承和弘扬中国传统文化意义重大。

第二节　园林建筑

一、园林建筑概述

园林建筑是在园林中为满足游赏、休憩、娱乐等功能需求而建造的各类建筑物，它是园林艺术的重要组成部分，融合了实用性与艺术性，与自然环境相互交融，具有独特的魅力。

园林建筑类型丰富多样，亭是其中最常见的一种，它造型小巧，形式灵活，可独立设置于园林中的山顶、水畔、林间等各处，起到点缀风景、供人停歇的作用。廊则以其蜿蜒曲折的形态，串联起园林中的各个景点，不仅有遮风避雨的实用功能，还能引导游览路线，增加园林空间的层次感。榭多建于水边，其建筑的一部分伸出水面，人们可在榭中近水观景，享受水色天光。舫形似船而不能动，常建于水中或岸边，为园林增添了几分灵动的意趣。楼阁一般体量较大，造型较为高耸，可登高远眺，是园林中的视觉焦点，既能丰富园林的天际线，又能为游客提供广阔的视野。

园林建筑的设计巧妙地利用自然的地形地貌，如依山就势建造亭台楼阁，使建筑融入山水之间，与周围的树木、花草、溪流等自然元素相互映衬，营造出和谐的景观氛围。同时，园林建筑还善于借景，通过巧妙的选址和布局，将园外的山水、田野等美景引入园内，扩大园林的空间感和意境美。在建筑风格上，园林建筑追求自然、质朴、典雅的审美情趣，建筑色彩多采用淡雅的色调，如灰白、棕褐等，与自然环境相融合，体现出一种宁静、祥和的美感。

园林建筑承载着历史文化的记忆，不同时代、不同地域的园林建筑往往反映了当时当地的社会文化风貌、审美观念和哲学思想。园林中的匾额、楹联、刻石等文字装饰，更是蕴含着深厚的文化底蕴，它们或描绘园林景色，或表达主人的心境和志向，为园林增添了浓郁的文化气息。此外，园林建筑还与传统的文学、绘画、书法等艺术形式相互交融，共同构成了独特的园林艺术体系，展现了中国传统文化的博大精深。

二、园林建筑的形成及历史演变

园林建筑起源于人类对自然的改造利用。原始社会时，人们在树上或洞穴居住，之后随着生产力发展和私有制出现，统治阶级圈地形成早期园林。殷周时期的"囿"已有三千多年历史，它在植被繁茂、鸟兽众多之地掘沼筑台，虽有人工建造部分，但仍以天然景色为主。

秦汉时期，秦始皇统一后大兴宫室园林建设，汉代在"囿"基础上发展出"苑"，以建筑组群为主体，汉武帝扩建的上林苑规模宏大，建章宫太液池的"一池三山"模式成为后世宫苑池山营造范例。魏晋南北朝时期，社会动荡促使园林创作变革，转向自然山水园，注重写实手法再现山水，园林植物追求野趣，园林建筑与山水结合，同时佛教兴盛带动佛寺园林发展。

隋唐国力强盛，长安城宫苑壮丽，如大明宫有太液池等。盛唐还出现自然园林式别业山居，像王维辋川别业。两宋时期，士大夫宅旁和近郊建园成风，形成写意山水园，宋徽宗修建的艮岳等宫苑，山水、植物、建筑巧妙布局。

元明清三代建都北京，大力营造宫苑，或人工造景，或利用自然山水改造，乾隆时期宫苑建筑比重增加，并吸收少数民族建筑风格。同时，江浙一带宅园兴盛，如江南园林等，注重主观意兴表达和山水之美，讲究文学趣味。

近代鸦片战争后，西方建筑艺术传入，传统园林向近代公园转变，城市开始建设公共园林。新中国成立后，园林建筑在继承传统基础上，融合现代西方理念技术，朝着生态环保、人性化、多元化方向发展，不断探索新形式以满足人们的物质文化需求。

三、园林建筑的形制及艺术特色

（一）园林建筑形制

按功能分可分为居住型、游览型和娱乐型。居住型常以庭院为中心，四周布置房屋，如北京四合院、苏州园林中的部分住宅等，有明确的中轴线，左右对称，体现了家庭的秩序和等级观念。游览型包括亭、台、楼、阁、榭、廊等。亭一般为开敞式建筑，造型多样，有三角、四角、六角、八角等，常建于山顶、水边、路旁等观景佳处；台多为高出地面的平台，可用于观景、赏月等；楼一般为多层建筑，体型高大，可俯瞰全园景色；阁常为四面开窗的两层或多层建筑，造型轻盈；榭多建于水边，一半在岸上，一半在水中，可凭栏观景；廊是连接各景点的通道，有直廊、曲廊、复廊等形式，可遮阳避雨，又能引导游览路线。娱乐型如戏台、船舫等。戏台一般建在园林中的开阔处，供演戏娱乐之用；船舫多仿船形而建，常三面临水，内部装修精美，可供休息、宴饮、观景等。宗教型如佛寺、道观等，佛寺建筑布局常遵循宗教教义和仪式的要求，有山门、天王殿、大雄宝殿、藏经阁等主要建筑，沿中轴线依次排列，两侧则布置钟楼、鼓楼、禅房、斋堂等附属建筑。

按风格分可分为皇家园林建筑形制、江南园林建筑形制和岭南园林建筑形制等。其中皇家园林建筑形制规模宏大，建筑布局严谨对称，常以宫殿建筑为中心，周围环绕着亭台楼阁、水榭长廊等。如北京颐和园，以佛香阁为中心，前有排云殿，后有智慧海，两侧有长廊等建筑，形成了壮观的建筑群。建筑色彩华丽，多采用黄色琉璃瓦、红色门窗和梁柱，体现了皇家的威严和富贵。江南园林建筑形制规模较小，布局灵活自由，注重与自然山水的融合。建筑多为白墙黑瓦，色彩淡雅，造型轻巧秀丽。如苏州拙政园，以水为中心，亭台楼阁、轩榭廊坊等建筑错落有致地分布在水面周围，形成了一幅自然和谐的画卷。而岭南园林建筑形制融合了江南园林和北方园林的特点，同时又具有独特的地方风格。建筑布局较为规整，常以庭院为单位，建筑造型丰富多样，既有江南园林的轻巧秀丽，又有北方园林的稳重端庄。如广东顺德清晖园，园内有船厅、碧溪草堂、澄漪亭等建筑，通过回廊、曲径等相互连接，形成了一个既独立又相互联系的整体。

（二）园林建筑艺术特色

园林建筑艺术特色追求自然之美，"虽由人作，宛自天开"的境界，强调顺应自然、模仿自然。在园林中，山水、植物等自然元素经过精心布置，与建筑相互融合，营造出宛如自然山水的景观。如杭州西湖的园林景观，湖光山色与亭台楼阁相得益彰，仿佛一幅天然的水墨画。

空间层次丰富多样，园林建筑擅长通过巧妙布局与设计营造多变空间层次。借景、对景、分景、隔景等手法的运用，极大地拓展了空间感，使各景点彼此呼应、相互渗透。以苏州狮子林为例，假山、池塘、亭台的精心布置，造就了曲折幽深、层次丰富的空间形态，让人在游览过程中不断发现新的景致。

园林建筑十分注重意境的营造，通过建筑的命名、题额、楹联以及雕刻等形式，赋予园林深厚的文化内涵与独特的精神气质。园林中的每一处草木、每一座亭阁都凝聚着文人墨客的情感志趣，能引发游览者的共鸣与联想。像扬州个园以竹石为主题，通过四季假山的打造，生动地展现出"春山艳冶而如笑，夏山苍翠而如滴，秋山明净而如妆，冬山惨淡而如睡"的美妙意境。

装饰精美富有内涵，园林建筑的装饰极为精美，运用木雕、石雕、砖雕、彩绘、琉璃等多种装饰手法，题材涵盖人物、动物、植物、山水、神话传说等丰富内容。这些装饰图案不仅寓意吉祥，还富有深厚的文化内涵，既提升了建筑的艺术价值，又表达了人们对美好生活的向往。北京故宫御花园中的建筑便是典型，雕梁画栋，尽显皇家园林的威严与奢华。

园林建筑注重与自然环境和人文环境的和谐统一。在建筑选址、布局、造型以及色彩的选择上，充分考虑周围山水、植物、气候等自然条件，同时融入当地的历史文化与民俗风情。苏州园林便是在有限空间内，巧妙融合建筑、山水、植物等元素，营造出和谐宜人的居住与游览环境，实现了人与自然、文化的完美融合。

四、园林建筑赏析——颐和园

（一）巧妙布局，独具匠心

颐和园以万寿山与昆明湖为依托，构筑出山环水抱的美妙格局（图 4-2）。佛香阁傲立万寿山山脊，统领着周边的建筑群落，成为全园当之无愧的视觉焦点。其恢宏气势向四周延展，与昆明湖的潋滟波光相映成趣，山水交融，层次错落有致。从功能上看，颐和园清

图 4-2 颐和园

晰地划分为行政、生活与游览三大区域。以仁寿殿为核心的行政区，尽显庄重威严；乐寿堂、玉澜堂所在的生活区，建筑精巧华丽，彰显皇家生活的尊贵奢华；而长廊蜿蜒、西堤烟柳、谐趣园雅致的游览区，则洋溢着自然的灵动与艺术的韵致，各个区域既功能明确又紧密相连。

（二）建筑精美，技艺卓绝

园内建筑形式丰富多样，宫殿的巍峨、楼阁的高耸、亭台的精巧、轩榭的雅致、廊桥的婉约，无一不展现着中国古代建筑的高超技艺。排云殿气势恢宏，尽显皇家威严；佛香阁高耸入云，巍峨壮观；谐趣园玲珑别致，宛如江南水乡的缩影；长廊如彩带般曲折蜿蜒，别具一格。不仅如此，建筑的装饰也极为精美，彩色琉璃瓦流光溢彩，木雕、砖雕细腻精美，彩画更是一绝。长廊的枋梁之上，14000 多幅彩画琳琅满目，涵盖人物、山水、花鸟、神话传说等丰富题材，色彩绚丽，生动逼真。

（三）自然秀丽，如诗如画

昆明湖水域辽阔，湖水澄澈，波光粼粼。西堤仿杭州西湖苏堤而建，堤上六桥各具风姿，沿岸垂柳依依，随风摇曳。湖中的南湖岛、治镜阁岛等，与周边的山水、建筑相互映衬，共同勾勒出一幅美轮美奂的天然山水画卷。万寿山植被繁茂，四季景致各有千秋。春日繁花似锦，如霞似锦；夏季绿树成荫，清凉宜人；秋季层林尽染，色彩斑斓；冬季银装素裹，静谧悠远。登上万寿山巅，极目远眺，昆明湖及周边的壮丽景色尽收眼底，令人陶醉其中，心旷神怡。

（四）文化深厚，韵味悠长

颐和园的造园理念融合了儒、佛、道三家文化精髓。东宫门内的政治活动区域，彰显着儒家"修身齐家治国平天下"的思想内涵；园内诸如四大部洲等寺庙建筑，散发着浓郁的佛教文化气息；而部分景点的命名与设计，又巧妙地蕴含着道家的思想韵味。此外，颐和园更是一部生动的历史教科书，见证了清朝的兴衰变迁，诸多重大历史事件在此留下印记。戊戌变法时期，光绪皇帝于园内召见康有为，为这座园林增添了厚重的历史沧桑之感。

第三节　宗庙建筑

一、宗庙建筑概述

宗庙建筑的历史源远流长，其起源可以追溯到远古时期的祖先崇拜。在原始社会，人们通过简单的祭祀活动来表达对祖先的敬仰和追思。随着社会的发展和文明的进步，宗庙建筑逐渐形成了一定的规模和规制。

在商周时期，宗庙建筑已经成为国家政治生活中的重要组成部分。周天子和诸侯都设有自己的宗庙，祭祀祖先被视为国家的重要礼仪活动。这一时期的宗庙建筑规模宏大，建筑风格庄重肃穆，体现了当时的等级制度和宗教观念。

秦汉以后，随着中央集权的加强，宗庙建筑的规制更加严格。历代王朝都非常重视宗庙的建设和祭祀活动，将其作为维护统治秩序和传承家族文化的重要手段。不同朝代的宗庙建筑在形式和布局上有所不同，但都保留了祭祀祖先的核心功能。

二、宗庙建筑的形成与演变

(一) 形成

源于原始氏族社会的自然崇拜和祖先崇拜，当时生产力水平低下，人们产生万物有灵的观念，出现原始祭祀行为，在新石器时代就有了最原始的祭祖行为，如在墓地以生活用具、生产工具随葬。

商代，原始的崇拜和祭祀行为进一步发展，祠庙祭祀活动盛行，形成了初步的宗庙制度和祭祖规则，出现祭祀同一氏族、宗族、家族的宗庙。

到了周代，在分封制和宗法制基础上，建立了以宗庙为核心的祭祖礼制，标志着中国祠堂正式诞生。

(二) 演变

战国以后，"宗庙"成为帝王祭祀专用场所，帝王以下各阶层祭祀祖先的场所称"祠堂"。汉代，朝廷、官员和庶民多在墓所建立祠堂，即墓祠，但未成文法制化。东汉末，出现移至家中厅堂祭祀的倾向，魏晋南北朝时，墓祠衰落，多数人在寝堂内祭祀祖先。

魏晋南北朝至唐，正式的封建宗庙礼制真正确立。晋朝诸侯王及不同品级官员按规定立宗庙，庶人被禁止建造祠堂。唐代，封建宗法礼制全面恢复和实行，家庙制度承袭隋朝，开元年间对不同品级官员建庙数量做出规定，家庙成为官人依唐制所建立的宗庙。

宋代祭祀祖先的场所称"家祠"等，处于唐代家庙向明清宗族祠堂的过渡状态，宋仁宗和宋徽宗时期对官员家庙制度做出规定并不断完善。明代嘉靖十五年，朝廷发布敕令，允许士大夫阶层立庙祀祖，庶民百姓也可立家庙祭先祖，清代沿用"宗祠"之名，明清时代的宗族祠堂数量大增，遍布全国城乡各地，内涵更丰富，建筑更豪华，管理更规范，功能更齐全。

三、宗庙建筑的形制及艺术特色

宗庙建筑通常沿中轴线对称分布，有多进院落相套，形成层层递进、深邃幽远的空间层次。主体建筑一般为前堂后寝，前堂用于举行祭祀仪式等公共活动，后寝则供奉祖先神位和存放遗物；部分宗庙还会呈现回字形结构，体现特定的功能分区和空间秩序。此外，屋顶形式多采用庑殿顶、歇山顶等庄重、大气的形式，以彰显宗庙的尊贵地位。

宗庙装饰题材丰富多样，涵盖植物、动物、日月云气、神话传说和几何纹样等，如伏羲庙中的盘龙、团凤、仙鹤、麋鹿等动物纹样，艾草、蔓草、松枝、荷花、牡丹等植物纹样，以及八卦、葫芦、伏羲女娲人首蛇身图等具有文化内涵的图案。其制作工艺精湛，运用石雕、木雕、砖雕等多种雕刻工艺，在建筑的大门、门窗、檐、雀替、影壁、屋脊等部位精心雕琢，构图饱满而均衡，展现出极高的艺术水准。

宗庙色彩运用鲜明，对比强烈。皇家宗庙屋顶通常使用金黄色琉璃瓦，立柱、门窗、墙垣等处用赤红色装饰，檐枋多施青蓝、碧绿等色，衬以石雕栏板及石阶之白玉色，使建筑显得金碧辉煌、庄严肃穆。如北京故宫的太庙，红墙黄瓦，色彩绚丽夺目，给人以强烈的视觉冲击。

宗庙通过连续的封闭空间、逐步展开的建筑序列以及逐步升高的建筑群等手法，营造出神圣、庄严的空间氛围，同时在庭院中种植松柏等树木，增添了环境的肃穆感和历史感。宗庙建筑蕴含着丰富的文化内涵和象征意义，体现了对祖先的崇拜、对家族传承的重视以及对传统文化的传承和弘扬，是中国传统文化的重要载体。

四、宗庙建筑赏析——曲阜孔庙

（一）历史地位与建筑格局

曲阜孔庙始建于公元前 478 年，由孔子故居改建而成，历经 2500 余年扩建，成为儒家文化的核心载体与中华文明的精神象征。其"九进院落"布局仿皇宫礼制，南北纵深 1130 米，沿中轴线对称展开，中路以棂星门、大成殿为核心，东路为家庙，西路为启圣殿，形成"庙宅分离"的独特格局。大成殿作为主体建筑，采用与故宫太和殿同等级的重檐庑殿顶与黄色琉璃瓦，殿前 10 根浮雕龙柱彰显孔子"至圣"地位，奎文阁与杏坛则分别象征文化传承与教育神圣性，如图 4-3 所示。

图 4-3　孔庙

（二）装饰艺术与文化隐喻

孔庙装饰融合皇家礼制与儒家伦理，殿内梁枋采用"龙草和玺"彩画，柱础、栏杆遍饰龙凤云纹，藻井"团龙戏珠"图案隐喻孔子思想的至高地位。庙内存汉代《史晨碑》《乙瑛碑》等千余块碑碣，记录历代帝王对儒学的推崇。九进院落、九开间殿宇暗合"九五至尊"，黄色琉璃瓦象征中央土德，棂星门与大成殿的轴线布局暗含"天人合一"宇宙观，体现儒家"礼治"传统与皇权的结合。

（三）历史价值与现代意义

作为世界文化遗产，孔庙承载着儒家文化的活态传承，其从祀制度与建筑技艺（如金代琉璃瓦、元代角楼）展现了中国木构建筑的演变，并影响东亚庙宇建筑。今日孔庙通过祭孔大典、文物陈列等形式成为文化交流窗口，"整旧如旧"的修缮理念为古建筑保护树立典范。它不仅是古代社会"礼治"的缩影，更是传统文明与现代价值对话的纽带，提醒人们建筑作为文明记忆守护者的永恒意义。

第四节　民居建筑

一、合院式住宅

从布局结构来看，合院式住宅主要是由几栋房屋建筑围合中间庭院而形成的建筑组合。最典型的四合院通常包括正房、东西厢房和倒座房，如图4-4所示。正房一般位于庭院的北侧，是整个院落中最主要的建筑，其规模和高度在所有建筑中往往是最大的，房间数量较多，通常供家庭中的长辈居住。东西厢房对称地分布在正房的两侧，规模相对较小，一般是晚辈居住的地方。倒座房位于庭院的南侧，与正房相对，主要用于接待客人、设置私塾或者作为仓库等辅助功能空间。庭院是整个合院式住宅的中心部分，它不仅是一个露天的活动空间，也是家庭成员之间交流互动的场所，还起到了采光、通风的重要作用。

合院式住宅在空间利用上十分巧妙。庭院的大小和比例根据建筑规模和功能需求有所不同，它能够提供充足的自然采光，让室内空间明亮舒适。在一些大型的合院式住宅中，还可能有多个庭院相互串联或者嵌套，形成层次丰富的空间布局。各个房间围绕庭院布置，使得居住者能够方便地进出各个房间，同时又保证了私密性。例如，在北方的四合院中，通过门廊、回廊等建筑元素将各个建筑连接起来，人们在雨天也能在院内自由活动。

图 4-4　合院式建筑

在建筑材料方面，合院式住宅的材料选择因地域差异而有所不同。在北方地区，由于气候干燥寒冷，建筑材料多以砖、石、木材为主。墙体一般采用厚实的砖墙，有很好的保温性能，能够抵御冬季的严寒。木材主要用于建筑的构架、门窗等部分，像四合院的门窗通常会有精美的木雕装饰，增加建筑的艺术美感。在南方部分地区，也会采用砖、木材料，但由于气候湿润，建筑在防潮防雨方面会有更多的考虑。比如徽派建筑，白墙黑瓦是其典型特征，墙体材料可能会在砖外涂抹白灰，起到防水的作用，屋面的瓦片也会铺设得更加紧密。

合院式住宅还承载着深厚的文化内涵。其布局体现了中国传统文化中的家庭观念和等级制度。正房作为长辈居住的地方处于中心位置，象征着家族中的长辈地位尊崇，东西厢房的晚辈居住位置体现了长幼有序的观念。整个合院式住宅以家庭为单位，围合的庭院象征着家族的团结和凝聚力，家庭成员在这里共同生活，体现了传统的家族观念和儒家思想中的"和"文化。

从地域分布来看，合院式住宅分布广泛。北方的四合院在北京、天津、河北等地较为常见，这些四合院风格较为规整、厚重，建筑风格大气磅礴，与北方的自然环境和文化氛围相契合。而在南方，如安徽的徽派建筑中的合院，虽然也有合院式的布局，但建筑风格更加精巧、细腻，装饰上更加注重木雕、砖雕、石雕等工艺，色彩上以青瓦白墙为主，具有鲜明的地域特色，与南方的山水环境和徽商文化紧密相连。

二、窑洞式住宅

窑洞式住宅是黄土高原地区特有的传统民居，其形成与当地自然环境紧密相连。黄土高原深厚且直立性良好的黄土层，加上木材、石材的相对匮乏，使得窑洞成为因地制宜的理想居住选择。同时，窑洞还能适应本地冬寒夏暑的气候特点。

窑洞主要有靠山式、下沉式（地坑院）和独立式三种类型，如图4-5所示。靠山式窑洞在山坡或土崖垂直崖壁横向挖掘，顶部呈拱形，前设门窗，部分有小院；下沉式窑洞在平地向下挖大坑，再在坑壁挖窑洞，形成地下院落，有独立的入口和排水设施，功能分区明确；独立式窑洞则在地面用土坯或砖石砌筑成拱形，不依赖天然山体挖掘。

（a）靠山式窑洞　　　　　　　　　　（b）下沉式窑洞

（c）独立式窑洞

图4-5　不同类型的窑洞

其建筑材料以黄土为主，靠山式和下沉式窑洞直接利用天然黄土，独立式窑洞常用土坯。此外，还会用到木材制作门窗和支撑结构，石材用于基础或装饰。建造工艺上，靠山式窑洞依山体规划挖掘，注重拱形结构和洞壁修整；下沉式窑洞需精确规划挖掘大坑，再合理布局挖掘窑洞；独立式窑洞涉及土坯制作与按拱形要求砌筑。

窑洞住宅功能多样，内部空间可分为卧室、厨房、储物室等。土炕与炉灶相连，用于取暖，基本设施能满足日常生活。而且，窑洞具有出色的保温隔热性能，能保持相对稳定的湿度，为居住者营造舒适环境。

窑洞住宅蕴含着丰富的文化内涵与重要意义。门窗剪纸、窑洞壁画等装饰体现了当地民间艺术，反映出人们对美好生活的向往，其居住方式也展现了家族聚居的特点与当地的家庭观念、社会关系。作为中国古代建筑文化的重要部分，窑洞见证了黄土高原地区人民的生活变迁和历史发展，传承数千年，是传统民居建筑中的瑰宝。

三、干栏式住宅

干栏式住宅是中国南方地区少数民族普遍采用的传统居住形式，主要分布在云南、贵州、广西等地及一些南方水乡地带，其出现是为了适应南方潮湿多雨的气候和复杂地形，通过将居住层抬高，避免湿气侵蚀，还可利用下层空间储物或饲养家畜。

干栏房建筑结构与类型包括全木结构和竹木结构干栏房，如图 4-6 所示。全木结构干栏房以木材为主要材料，建筑结构上立木柱抬高居住层，地板、墙壁用木板铺设，屋顶采用歇山顶或悬山顶，外观轻盈、通透，常伴有木雕装饰；竹木结构干栏房则结合了竹子和木材的特点，竹子用于部分结构，使房屋更轻巧，外观增添清新气息。

（a）全木结构干栏房　　　（b）竹木结构干栏房

图 4-6　全木结构和竹木结构干栏房

材料上，常用质地坚硬、耐久性好的杉木、松木等木材及生长迅速、资源丰富的竹子，连接工艺以榫卯结构为主，部分部位用藤条或绳索绑扎加固。建造工艺方面，全木结构需

先清理场地、设置基础，关键是木柱安装，再搭建框架、铺设地板和墙壁木板；竹木结构则要对竹子进行砍伐、晾晒、防虫处理后再编织或搭建。

功能上，上层划分卧室、客厅、厨房等功能区域，下层用于储物和饲养家畜，且架空设计能适应潮湿环境和应对洪水，通风良好可保持夏季凉爽。文化内涵上，承载着丰富的民族文化和地域文化，建筑装饰、布局和空间使用体现民族的生活方式、宗教信仰、家庭观念和社会关系，建造过程伴有传统仪式。历史意义上，是我国古代建筑文化的重要组成部分，见证了南方地区和少数民族的历史变迁和社会发展，保留了古老文化元素，是研究民族文化、古代建筑技术和地域文化交流的重要实物资料。

【学习笔记】

复习思考题

1. 宫殿的中轴对称布局如何体现皇权至高无上的观念？请从布局、装饰和功能分区角度进行分析。

2. 中国园林建筑在设计时是如何考虑人与自然的关系的？请结合具体实例说明。

3. 宗庙建筑的设计与宗法制度有何关联？请举例说明其历史意义。

4. 不同形式住宅的布局体现了怎样的家庭观念和社会等级？请结合具体实例分析其空间安排如何反映中国传统的家庭文化。

第五章　中国优秀建筑师代表

第一节　古代优秀建筑师

一、鲁班

（一）生平简介

鲁班是春秋时期鲁国人，生活在春秋末期到战国初期，他创造了举世闻名的锯子，鲁班的技艺和发明通过师徒传承等方式在民间广泛传播，培养了大批优秀的工匠。他的工艺理念和技术方法成为后世木工和建筑工匠的基本准则和技术源泉，推动了中国古代建筑和木工行业的发展（图5-1）。

图 5-1　鲁班

（二）主要成就——锯子

鲁班发明锯子的过程是一个充满偶然与智慧的故事。

据传说，鲁班在一次上山砍树的过程中，不小心被一种边缘带有锯齿的草划伤了手。这种草叶片细长，边缘布满了密集而锋利的小齿，在鲁班的手划过草叶时，这些小齿就像小刀一样，轻易地割破了他的皮肤。

鲁班是一个非常善于观察和思考的工匠。他没有忽视这次小小的意外，而是开始仔细研究这种草的锯齿形状和结构。他联想到如果能制造出一种类似这种草边缘锯齿形状的工具，用来切割木材，可能会比当时使用的斧头砍伐更加高效。

于是，鲁班开始尝试制作这种新工具。他找来一片合适的薄铁片，用石头在铁片边缘精心地打造出一排小齿，就像他看到的那种草的锯齿一样。经过反复试验和改进，调整锯齿的形状、大小和间距，以达到最佳的切割效果。最终，他成功地制造出了世界上第一把锯子（图5-2）。

锯子的发明是一个重大的突破。与传统的斧头砍伐木材相比，锯子可以更精确地控制切割的方向和深度，能够将木材切割成更规则的形状，而且大大提高了木材加工的效率。这一发明不仅在建筑和木工领域引发了一场技术革命，使得大型建筑的木材加工更加方便，而且对家具制作等众多相关行业也产生了深远的影响。锯子的出现标志着中国古代木工工具发展到了一个新的阶段，其设计创新体现在以下几个方面。

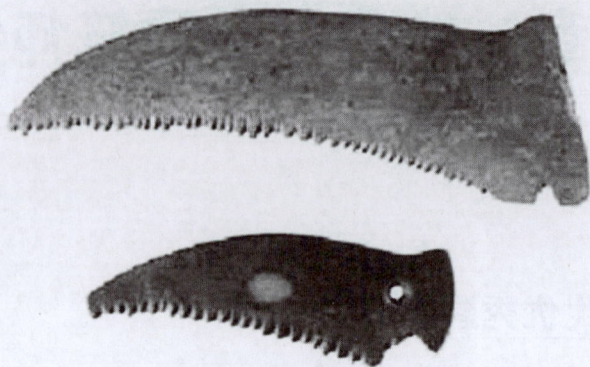

图 5-2 锯子

1. 形态结构创新

鲁班观察到草叶边缘的锯齿形状，将其应用到锯子上，设计出带有锋利锯齿的锯条。锯齿为斜向上的形状，这种设计使得锯子在切割木材时，能够更好地嵌入木材，减少阻力，提高切割效率。

锯条是锯子的核心部件，最初可能由铁片制成，后来随着技术发展，采用了更坚硬的材料如高碳钢等合金材料，增强了锯条的硬度和耐用性。同时，鲁班还设计了锯框，用于牵引锯片，使锯片在切割过程中保持稳定，能够更准确地沿着预定方向切割，提高了切割的精度。为了方便使用，鲁班在锯子上设计了手柄。手柄采用符合人体工程学的设计，能够让使用者在操作锯子时更加舒适，减轻手部疲劳，同时也便于用力，更好地控制锯子的运动方向和力度，提高操作的稳定性和准确性。

2. 功能用途创新

与当时常用的斧头砍削等方式相比，锯子的发明大大提高了木材切割的效率。锯子可以通过锯齿的连续切割动作，将木材逐步锯断，而不需要像斧头那样依靠单次的强力砍击，不仅节省了体力，而且能够更快速地完成切割任务，尤其对于较大尺寸的木材，锯子的优势更加明显。

锯子能够实现更精确的切割，可将木材切割成各种形状和尺寸，满足了不同木工制作的需求，制作家具时需要的各种规格的木板、木柱等，都可以通过锯子进行精准切割，为后续的加工工艺提供了良好的基础，有助于提高木工制品的质量和精细程度。

3. 设计理念创新

鲁班从野草叶子边缘的锯齿获得灵感，将自然生物的形态和功能应用到工具设计中，这种仿生设计理念是锯子发明的重要基础。通过模仿自然，鲁班创造出了更符合实际需求和自然规律的工具，为后世的设计创新提供了重要的思路和方法。

　　鲁班在面对木材切割困难的问题时，没有局限于传统的工具和方法，而是积极思考、勇于探索，通过观察和实验，寻找新的解决方案，这种以问题为导向的创新思维方式，使得他能够突破常规，发明出具有革命性的锯子，为解决实际问题提供了新的途径和方法。

（三）建筑精神

　　鲁班出身工匠世家，他亲自参与建筑实践活动。从材料的选取、工具的制作到建筑的施工，他都身体力行。通过大量的实践，他积累了丰富的经验，这也是他能够不断创新和改进建筑技术的重要原因。例如，他在长期的木材加工过程中，深刻了解木材的性质，从而能够更好地运用工具进行施工。鲁班一生专注于建筑和木工技艺，他将自己的精力和智慧都奉献给了这个行业。这种专注执着的精神使他能够在建筑领域不断钻研，克服各种技术难题。他对建筑事业的热爱和专注，也激励着后世的工匠们。

二、宇文恺

（一）生平简介

　　宇文恺出生于武将功臣世家，自幼博览群书，知识渊博，技能多样。在建筑领域，他展现出卓越才能。隋朝建立后，他主持规划和建造大兴城（唐长安城），该城布局严整，功能分区明确，对后世城市规划影响深远。还设计了新都洛阳城、仁寿宫、隋文帝皇陵等。同时，他著有《东都图记》《明堂图议》等建筑著作，为中国古代建筑理论留下宝贵财富（图5-3）。

图5-3　宇文恺

（二）主要成就——大兴城

　　大兴城即唐长安城，以隋大兴城为基础扩建而成，是隋唐两朝的都城，也是当时全国政治、经济与文化中心和最大的国际性城市。大兴城位于秦岭之北，濒临渭水之南，在关中平原中部偏南的龙首原以南，今西安城及其近郊，地处八百里秦川的中心。城市整体规模宏大，建筑雄伟，由外郭城、皇城与宫城组成，所有城墙均为夯土筑成。以宫城的承天门、皇城的朱雀门与外郭城的明德门一线为中轴线，呈严格的东西对称，总体布局为城中有城与市坊分立。外郭城形如长方形，东西长为9721米，南北宽8651米，周长为36.7千米，面积约为84平方千米，人口超过100万。城内有东西十四条大街，南北十一条大街，将全城分割成大小不等的里坊，分归长安与万年两县管辖，并设有东市与西市（图5-4）。

图 5-4　大兴城

1. 大兴城的设计创新

1）功能分区

大兴城将宫城置于城市的北部中心位置，这是一种全新的布局理念。宫城作为皇帝居住和处理政务的核心区域，被重点保护起来。其周围有高大的城墙环绕，内部宫殿建筑按照严格的中轴线对称分布，不仅体现了皇权的至高无上，而且在功能上保证了皇室活动的独立性和安全性。

皇城紧挨着宫城南部，集中了中央官署等行政机构。这种布局使得官员上朝等政务活动更加便捷高效，方便了朝廷事务的处理。同时，也使得行政区域相对集中，有利于信息的传递和政令的发布。

外郭城则环绕在宫城和皇城的东、西、南三面，主要是居民区和商业区。通过这种分区方式，将不同功能的区域划分得十分清晰，使城市的运转更加有序。例如，外郭城的坊里制度，每个坊都像一个小型的社区，有围墙和坊门，定时开闭，内部设有街道、住宅、店铺等设施，既保证了居民生活的私密性和安全性，又便于城市的管理。

大兴城设置了东市和西市两个商业区，这是城市商业功能的集中体现。东市和西市的位置经过精心规划，分别位于外郭城的东部和西部，交通便利，便于货物的运输和交易。市场内部规划整齐，店铺林立，有严格的管理制度，按照不同的商品种类划分区域进行交易。

坊里作为居民区，与市相互分离，但又通过街道等交通网络紧密相连。这种设计既保证了居民生活环境不受商业活动的过度干扰，又方便居民前往市场进行购物等活动。而且坊里内的居民构成也体现了一定的社会阶层划分，不同阶层的居民居住在不同的坊里，反映了当时的社会结构。

2）棋盘状街道网络

大兴城采用了棋盘状的街道布局，这是其设计的一大亮点。南北向有十一条大街，东西向有十四条大街，这些街道宽阔笔直，将城市划分为规整的方格状区域。朱雀大街作为中轴线，宽度达150米左右，是城市的主干道，从宫城的承天门一直延伸到外郭城的明德门，将城市分为东西两部分。

这种棋盘状布局具有诸多优点。首先，它使得城市的交通十分便利，人们可以通过街道网络快速地到达城市的各个区域。其次，规整的布局便于城市的规划和土地的划分，有利于建筑的布局和建设。同时，从美学角度看，这种对称的布局体现了中国古代建筑的对称美和秩序感，给人一种整齐、庄严的视觉感受。

3）给排水系统

大兴城的供水系统设计非常先进。通过开凿渠道等方式将水源引入城市，考虑到了城市的整体布局和功能分区，使得供水能够覆盖到城市的主要区域，排水系统与城市的街道布局紧密结合。城内有完善的排水沟渠网络，这些沟渠沿着街道两侧分布，一般是明沟与暗沟相结合。明沟用于收集雨水和部分生活污水，然后通过暗沟将水排出城外。体现了当时在城市基础设施建设方面的科学理念。

2. 大兴城建造技术的创造性

1）城墙建造技术

大兴城的城墙建造非常注重基础的稳固。城墙基一般采用深挖地基的方式，在夯实的基础上再进行墙体的修筑。例如，宫城城墙东城宽14米多，其他墙宽18米左右，城高10米多，这样宽厚的城墙需要坚实的基础来承载。通过深挖地基并层层夯实，能够有效防止城墙因自重或外力作用而发生沉降。

城墙主体为夯土筑成，采用了高质量的夯土技术。在夯土过程中，严格控制土的质量和湿度，选择黏性较好的土，并且在夯筑时，分层夯打，每层夯土的厚度均匀，一般在十几厘米左右。同时，在城墙的关键部位，如城门两侧、墙角等位置，可能还会使用砖石进行加固，增加城墙的坚固程度。

2）宫殿建筑技术

大兴城宫殿建筑大量采用木结构。在木结构建筑中，斗拱的运用达到了很高的水平。斗拱不仅起到了装饰作用，更重要的是它能够有效地分散建筑顶部的重量，将屋面的荷载传递到柱子和墙体上。而且宫殿建筑的梁、柱等构件之间采用卯榫结构连接，这种连接方式牢固可靠，使建筑整体具有良好的稳定性。

宫殿建筑在空间布局上体现了高超的设计理念。通过殿堂、楼阁、回廊等多种建筑形式的组合，营造出丰富多样的空间层次。在宫殿内部，利用屏风、帷幕等软质隔断，以及雕花门窗等硬质隔断，划分出不同的功能区域，如朝堂、寝宫、书房等。同时，宫殿建筑注重采光和通风设计，采用高大的门窗和巧妙的通风口，使室内空气流通，光线充足。

3）里坊建筑技术

里坊是大兴城的基本居住单位，四周有围墙，围墙的建造同样采用夯土技术，保证了里坊的封闭性和安全性。里坊内部的建筑布局整齐有序，街道规划合理。住宅建筑一般采用四合院式的布局，以庭院为中心，周围布置房屋。这种布局方式既满足了居民的生活需求，又体现了中国传统建筑文化的特点。

在里坊建筑的建造过程中，大量使用当地的建筑材料，如土坯、木材等。土坯制作简单，成本较低，适合大规模的建筑施工。木材的加工则利用了当时先进的木工工具和技术，如鲁班发明的刨子、曲尺等工具，提高了建筑构件的制作效率和质量。同时，里坊建筑的施工组织有序，通过分工协作的方式，加快了建筑的建造速度。

（三）建筑精神

宇文恺极具创新精神，在大兴城规划上采用功能分区明确的棋盘状布局，创新给排水等建筑技术；秉持精益求精精神，严格把控建筑细节，追求高质量；拥有整体规划精神，综合考虑城市多种功能，兼顾自然与人文因素；兼具传承与融合精神，传承传统建筑技艺，融合多元文化元素；还具备实践精神，亲自参与实地勘测、设计以及工程监督与实施。这些精神不仅成就了大兴城这一伟大建筑，也为后世建筑发展留下了宝贵的财富。

三、李春

（一）生平简介

隋开皇十五年至大业初（595—605），李春受命负责赵州桥（安济桥）的设计和施工。他率领工匠对洨河及两岸地质等情况进行实地考察，认真总结前人建桥经验，提出独具匠心的设计方案并精心施工。他建造的赵州桥存世1400多年，是中国现存最早的大型石拱桥，也是世界上现存最古老、跨度最长的敞肩圆弧拱桥。赵州桥以首创的敞肩拱结构形式、精美的建筑艺术和施工技巧等杰出成就，在中外桥梁史上令人瞩目（图5-5）。

图 5-5　李春

（二）主要成就——赵州桥

赵州桥，又名安济桥，位于河北省石家庄市赵县县城南部的洨河之上，是世界上现存年代久远、保存最完整的拱桥。在两个拱肩部分各建两个对称的小拱，伏在主拱的肩上，符合结构力学原理，增加排水面积 16.5%，节省石料。建造中选用了附近州县生产的质地坚硬的青灰色砂石作为石料，石料之间紧密无缝，展现了古代工匠精湛的砌筑技艺（图 5-6）。

图 5-6　赵州桥

1. 赵州桥的设计创新

1）首创敞肩拱结构

赵州桥在主拱券的两肩各设置了两个小拱。这种敞肩拱的设计是世界桥梁史上的首创。从力学角度看，敞肩拱可以将桥身的自重以及桥上荷载分散到多个支撑点上。当桥承受重量时，压力通过主拱传递，同时小拱能够起到分担压力的作用，减轻主拱的负担，增强了桥梁整体的承载能力。这一创新设计使得赵州桥在历经千年风雨、无数次洪水冲击和地震考验后，依然坚固如初。

2）大跨度单孔设计

赵州桥采用单孔长跨形式，主孔净跨度达 37.02 米，在当时的技术条件下这是一个巨大的跨度。李春摒弃了传统的多孔设计，选择在河心不立桥墩。这种设计考虑了洨河的水文情况，避免了桥墩阻碍水流，减少了水流对桥墩的冲刷和淤积，有利于泄洪和通航。

3）合理的拱券设计

赵州桥的拱券采用纵向并列砌置法，整个大桥由 28 道各自独立的拱券沿宽度方向并列组合在一起。这种施工方法便于操作，每一道拱券可以独立施工，不受其他拱券的影响，大大提高了施工效率。而且如果某一道拱券出现损坏，也可以单独进行修缮，不影响整个桥梁的使用。

为了加强各道拱券间的横向联系，李春在设计时采用了"下宽上窄、略有收分"的方法。在桥的宽度上也采用"少量收分"方法，还设置了护拱石、勾石、"腰铁"等。这些措施使各拱券紧密结合在一起，形成一个有机的整体，增强了桥的稳定性和整体性，有效地防止了拱券的离散和坍塌。

4）平弧结合的桥拱形状

赵州桥的拱高只有 7.23 米，拱高和跨度之比为 1:5 左右，呈现出弧形较平的特点。这种平弧结合的形状既保证了桥的结构稳定性，又使得桥面的坡度较为平缓。

2.赵州桥建造技术的创造性

1）精准的石料加工与砌筑技术

赵州桥在建造时，对石料的选择十分严格。选用了附近州县生产的质地坚硬的青灰色砂石作为主要建筑材料。这些石料在开采后，经过工匠们精心的加工，使其尺寸精确、形状规则。在加工过程中，严格控制石料的平整度和角度，以确保每块石料之间能够紧密贴合。例如，在砌筑拱券时，石料的弧度加工得非常精准，相邻石料之间几乎没有缝隙。

在砌筑过程中，采用了干砌和湿砌相结合的方法。干砌是指石料之间不使用灰浆，而是通过精确的加工和巧妙的拼接使其紧密结合，这种方法主要用于拱券的关键部位，依靠石料自身的重量和摩擦力来保证结构的稳定。湿砌则是在石料之间使用适量的灰浆，用于填充石料之间的微小缝隙，增强结构的整体性。通过这种干湿结合的砌筑工艺，赵州桥的桥体结构更加稳固，同时也能够有效地抵御风雨侵蚀和河水冲刷。

2）创新的基础处理技术

赵州桥的建造者李春在选址时充分考虑了洨河的地质和水文条件。桥基选择在河床坚实的地方，以确保能够承受巨大的桥身重量和过往车辆行人的荷载。同时，为了防止桥基受到河水的冲刷和侵蚀，采用了特殊的基础处理技术。例如，在桥基周围可能采用了一些防护措施，如铺设石块、加固堤岸等，来保护桥基的稳定性。

桥台是桥梁与河岸连接的重要部分，赵州桥的桥台设计也独具匠心。桥台的结构设计合理，能够有效地将桥身的重量传递到地基上。在桥台与拱券的连接部位，采用了特殊的构造方式，使两者紧密结合，形成一个稳固的整体。这种创新的桥台设计和连接技术，保证了桥梁在长期使用过程中，不会因为桥台的松动或损坏而影响整座桥的安全。

四、喻皓

（一）生平简介

喻皓是五代末、北宋初期的著名建筑工匠。生活在杭州一带，他出身卑微，是一位民间工匠，但凭借自己卓越的建筑才能而声名远扬（图 5-7）。他的主要代表作是开封开宝寺木塔。

在设计和建造开宝寺木塔时，他考虑到开封地处平原，多西北风，于是故意将塔的塔身向西北方向倾斜，以此来抵抗西北风的长期吹拂，避免塔日后因风吹而向东南方向倾斜，

图 5-7　喻皓

这一设计体现了他对建筑力学和自然环境因素的深刻理解与灵活运用。喻皓还将自己的建筑经验写成《木经》三卷，这是我国历史上第一部木结构建筑手册，可惜已经失传，不过从沈括的《梦溪笔谈》对它的部分引用中，仍能窥见喻皓在建筑理论方面的杰出贡献，对于后世研究古代建筑技术等诸多方面有着深远的意义。

（二）主要成就——开宝寺木塔

开宝寺木塔采用了当时先进的木结构建筑技术，以榫卯结构连接木材，使木塔更加稳固。同时，在建造过程中可能运用了类似"营造法式"中的一些规范和方法，保证了建筑的质量和工艺水平。开宝寺木塔是当时木构建筑技术的杰出代表，其高度和规模在当时都名列前茅。它的建造体现了北宋时期建筑技术的成熟和创新，为后世木构建筑的发展提供了重要的借鉴和参考（图 5-8）。

图 5-8　开宝寺木塔

开宝寺木塔的设计创新体现在以下几个方面。

1. 防风倾斜设计

开宝寺木塔最具创新性的设计在于它的倾斜结构。喻皓考虑到开封地区的气候特点，巧妙地将塔身设计成稍向西北方向倾斜。从力学角度分析，这种倾斜设计能够利用塔身自身的重力来抵消西北风长期作用产生的水平推力。当西北风来袭时，风的力量会使本来就向西北倾斜的塔身有向垂直方向回正的趋势，而不是被风吹得向东南方向倾斜，有效避免了因长期风力作用导致塔体倾斜甚至倒塌的风险。

2. 高层木构建筑技术创新

十三层的塔身采用分层设计，每层在高度、面积等方面进行合理的递减，形成优美的轮廓线。这种分层设计不仅在视觉上给人以美感，而且从结构力学角度看，它使得木塔的重心更加稳定。每层的结构布局和构件尺寸根据其所处位置和受力情况进行精细调整，上层的重量逐渐减轻，减少了下层结构的负担，从而保证了整个木塔在高度增加的情况下依然能够保持结构的稳定性。

3. 空间利用创新

考虑到木塔内部的采光和通风需求，在设计上可能采用了一些巧妙的方法。比如，在塔身的适当位置设置小窗，这些小窗既能保证一定的采光，让内部空间明亮，又能在通风方面发挥作用，保持内部空气的流通，有利于木结构的保存和内部人员的活动。

（三）建筑精神

喻皓在设计开宝寺木塔时，没有局限于传统的建筑思维。他考虑到当地的自然环境因素，特别是开封多西北风的情况，打破常规，将木塔设计成稍向西北倾斜。这种独特的设计理念在当时是一种大胆的创新，与以往只注重建筑的对称、规整等传统观念不同，他把建筑与自然环境紧密结合起来，开创了一种根据实际环境条件进行建筑设计的新思路。

第二节　近现代优秀建筑师

一、梁思成

（一）生平简介

梁思成，梁启超之子，籍贯广东新会，中国著名的建筑学家和建筑教育家。1912 年，辛亥革命后，随父母从日本回国，在北京崇德国小及汇文中学就学。1915 年，入北平清华学校，1923 年毕业。1924 年，与林徽因一同赴美国费城宾州大学建筑系学习，1927 年获学士和硕士学位，后又去哈佛大学学习建筑史，研究中国古代建筑（图 5-9）。

1928 年回国后，梁思成在沈阳东北大学任教，创立中国现代教育史上第一个建筑学系。1930 年，梁思成和张锐参与天津市规划，以《天津特别市物质建设方案》获奖。

图 5-9　梁思成

1931 年梁思成回到北平，进入中国营造学社工作，任法式部主任。从 1937 年起，梁思成和林徽因等人先后踏遍中国十五省二百多个县，测绘和拍摄大量古建筑遗物。

1944—1945 年，梁思成任教育部战区文物保存委员会副主任。1946 年，梁思成在清华大学创办建筑系。同年，赴美国讲学，受聘美国耶鲁大学教授，并担任联合国大厦设计顾问建筑师。

新中国成立后，除在清华大学任教授和建筑系主任外，梁思成还先后担任北京市都市计划委员会副主任、中国建筑学会副理事长等职。1950 年年初，梁思成与陈占祥一起向政府提出新北京城的规划方案——《关于中央人民政府行政中心位置的建议》。

（二）主要成就

20 世纪 30 年代，梁思成与林徽因用现代科学方法，系统地调查、整理、研究中国古代建筑的历史和理论，成为该学术领域的开拓者和奠基者。他们遍访中国 15 个省 200 多个县，对古建筑进行测量、绘图、分析，为中国建筑史研究积累了丰富翔实的第一手资料。

他所著《中国建筑史》首次系统梳理了中国建筑从古代到近代的发展历程，将中国建筑发展划分为不同历史时期，详细阐述各时期建筑特点、风格演变及技术进步，使读者能清晰把握中国建筑发展脉络。

梁思成在研究中深入探讨中国建筑与传统文化的紧密联系，指出儒家、道家等思想对中国建筑布局、形式、装饰等方面的影响，揭示出中国建筑是中国传统文化的重要组成部分和中华民族精神的物质体现。

他运用跨学科研究方法，将建筑学与历史学、考古学、文献学等学科结合，从多角度研究建筑。还提出"建筑可译论"，为中外建筑文化交流与融合提供新的思路和方法。

培养建筑人才：在清华大学等高校任教二十余年，梁思成注重培养学生的绘画技巧、实践经验和创新思维，培养了一大批优秀的建筑师和城市规划师，为中国建筑行业的发展输送了大量专业人才。1950 年，梁思成领导清华大学营建系设计的国徽图案在全国政协会议被通过，为新中国的象征设计贡献了智慧。

作为人民英雄纪念碑兴建委员会设计处处长，梁思成主持了人民英雄纪念碑的设计工作，使其成为中国近现代建筑史上的经典之作和重要的爱国主义教育基地。1929 年参与设计清华大学王国维纪念碑和北京植物园梁启超墓；1932 年主持故宫文渊阁的修复工程；1963 年设计扬州"鉴真和尚纪念堂"，该建筑于 1973 年建成，荣获 1984 年中国优秀建筑设计一等奖。

1950 年，梁思成与陈占祥共同提出《关于中央人民政府行政中心区位置的建议》，主张保护北京古建筑和城墙，建议在西郊建新北京，以保留北京旧城这座规划严整、保留众多文化古迹且保存十分完整的古城。1948 年，在平津战役前，梁思成绘制了《全国文物古建筑目录》，交给中国人民解放军，使北平古迹避免受到炮击；还多次上书，挽救了北海的团城等文物建筑。

（三）建筑精神

梁思成在 20 世纪初，中国古建筑研究几乎空白的情况下，毅然投身其中。他和林徽因等人在艰苦的条件下，深入中国各地，实地考察大量古建筑。他们走访15个省200多个县，对古建筑进行精确的测绘、拍摄和记录。这种不畏艰辛、深入实地的探索精神，为中国古建筑研究积累了宝贵的第一手资料，开启了用现代科学方法研究中国古建筑的先河。

梁思成不仅注重实地考察，还花费大量精力对中国建筑历史进行系统的梳理。他通过查阅古籍文献，结合实地调研成果，撰写了《中国建筑史》等重要著作。在研究过程中，他对中国建筑从古代到近代的发展历程进行详细划分和阐述，探索不同历史时期建筑风格、技术和文化内涵的演变，体现了他对建筑知识的深入探索和严谨的治学态度。

梁思成始终将古建筑视为珍贵的文化遗产，不遗余力地为其保护奔走呼吁。他还多次上书，反对破坏古建筑的行为，比如为了保护北京城墙，他据理力争，提出合理的城市规划方案，希望能在城市建设和古建筑保护之间找到平衡，这种对古建筑的深情守护体现了他强烈的文化传承意识。

他深知中国传统建筑文化的价值，在建筑教育和设计实践中，注重传承中国建筑文化的精髓。在教学过程中，向学生传授中国古建筑的知识和技艺；在建筑设计中，也融入中国传统建筑元素。例如，在设计鉴真和尚纪念堂时，巧妙地运用了唐代建筑风格，将传统建筑文化与现代建筑功能相结合，使其成为传承中国建筑文化的典范之作。

梁思成积极投身建筑教育，他创办了东北大学和清华大学的建筑系，为中国建筑教育事业奠定了坚实的基础。他精心设计教学课程，涵盖建筑历史、建筑设计、建筑技术等多个领域，注重培养学生的综合素质和实践能力。他的教育理念和教学方法启蒙了一代又一代的建筑学子，为中国建筑行业培养了大量专业人才。

梁思成有着广阔的国际视野，他在留学期间学习西方建筑知识，回国后能够将西方先进的建筑理念、技术与中国传统建筑文化相融合。他的建筑思想既包含对中国建筑传统的坚守，也有对现代建筑思潮的吸收，这种融合精神使他的建筑作品和理念在古今中外的交融中独具魅力。

二、杨廷宝

（一）生平简介

杨廷宝，字仁辉，河南南阳人，一生主持、参与或指导完成的建筑作品众多，如设计了南京中央体育场、中央医院、金陵大学图书馆等；主持拟定了天安门广场扩建规划，参与人民英雄纪念碑、人民大会堂等重大工程设计；主持设计了北京和平宾馆、徐州淮海战役革命烈士纪念塔等（图5-10）。

图 5-10　杨廷宝

1915 年杨廷宝入北京清华留美预备学校，因成绩优异两次跳级。

1927 年杨廷宝回国后受关颂声、朱彬等人邀请在天津加入"基泰工程司"。1940 年杨廷宝兼任中央大学建筑系教授。

1959 年杨廷宝任南京工学院副院长，1979 年任南京工学院建筑研究所所长，同年至 1982 年任江苏省副省长。发表学术论文 120 余篇，代表著作有《综合医院》《杨廷宝建筑设计作品集》。

（二）主要成就

20 世纪 30—40 年代，杨廷宝设计了许多具有代表性的建筑。例如南京中央体育场，其设计风格简洁大气，功能布局合理。主体育场的建筑造型结合了当时的建筑技术和审美观念，采用了西方现代建筑的结构形式，同时又融入了中国传统建筑的元素，如大屋顶的运用，使建筑既具有现代体育建筑的功能性，又不失中国建筑的韵味。

他设计的中央医院（今东部战区总医院）是中国近代医院建筑的重要范例。在建筑设计中，考虑到医院的功能分区，如病房、手术室、诊疗室等的合理布局，以方便患者就医和医护人员工作。建筑外观稳重、端庄，体现了医疗建筑的专业性和严肃性。金陵大学图书馆（今南京大学图书馆）也是他的杰作之一，建筑风格融合了中国传统建筑的歇山顶形式与西方建筑的砖石结构，内部空间宽敞明亮，为学术研究和知识传播提供了良好的环境。

新中国成立后，杨廷宝参与了许多国家级重大建筑项目的设计和指导工作。他参与了人民英雄纪念碑、人民大会堂等建筑的设计。在天安门广场扩建规划中发挥了关键作用，为新中国的城市形象建设和标志性建筑的诞生贡献了自己的智慧。他所设计的北京和平宾馆是当时现代主义建筑理念在中国实践的成功案例，宾馆的设计注重空间的高效利用和简洁的造型，为当时的建筑设计提供了新的思路。

他发表学术论文 120 余篇，这些论文涉及建筑设计理论、建筑历史、建筑技术等多个领域。其代表著作有《综合医院》《杨廷宝建筑设计作品集》等。在《综合医院》中，他详细阐述了医院建筑的设计要点，包括功能流线、科室布局、环境营造等方面的内容，为医院建筑的设计提供了专业的指导。

（三）建筑精神

杨廷宝的建筑作品体现了对不同建筑风格的融合与创新。他既精通西方现代建筑的结构和形式法则，又深入研究中国传统建筑文化。在设计中，他能够将西方建筑的理性、功能主义与中国传统建筑的典雅、意境巧妙结合。例如，在一些建筑设计中，他采用西方建筑的框架结构和空间布局方式，同时在建筑外观上融入中国传统建筑的大屋顶、斗拱等元素，创造出具有中国特色的现代建筑风格，这种融合创新的方式展现了他不拘一格、兼容并蓄的建筑理念。

他紧跟时代步伐，不断更新建筑理念。从早期受到西方古典主义和折衷主义建筑风格的影响，到后期积极接纳现代主义建筑思潮，杨廷宝在建筑实践中勇于尝试新的设计手法和材料技术。他在设计北京和平宾馆时，大胆运用简洁的线条、通透的空间布局和现代建筑材料，体现了现代主义建筑的理念，为当时中国的现代建筑设计开辟了新的道路。

杨廷宝非常重视实地考察和建筑细节。在设计每一个建筑项目之前，他都会深入现场，对场地的地形、周边环境、气候条件等进行详细的调研。在设计南京中央体育场时，他充分考虑了场地的规模、地形坡度以及观众的视线和交通流线等因素，通过精准的设计，使体育场能够满足大型体育赛事的需求，同时为观众提供良好的观赛体验。在建筑细节方面，他对每一个构件的尺寸、比例和材质都严格把关，力求达到最佳的视觉效果和功能质量。

三、吕彦直

（一）生平简介

吕彦直（图5-11）1894年出生于天津，祖籍安徽滁县（今滁州市南谯区乌衣镇黄圩村）。幼年喜爱绘画，8岁丧父，9岁随姊侨居巴黎，数年后回国进北京五城学堂，受教于林琴南。1911年考入清华学堂留美预备部，1913年毕业，以庚款公费派赴美国康奈尔大学，先攻读电气专业，后改学建筑，1918年毕业。

毕业前后，吕彦直任美国建筑师亨利·墨菲助手，参与金陵女子大学和燕京大学校舍规划设计等工作。1921年回国，先在东南建筑公司供职，设计了上海香港路4号银行公会大楼，后与人合资经营真裕建筑公司，开设彦记建筑事务所。

图5-11　吕彦直

（二）主要成就

1925年，吕彦直设计的中山陵方案在40多种方案中脱颖而出获首奖。他巧妙地利用紫金山南坡由低渐高的地形，使中山陵从空中俯瞰呈警钟形，寓意孙中山先生"唤起民众"。整体布局庄重简朴，融汇了中国古代与西方建筑风格，被誉为"中国近代建筑史上的第一陵"。

他主持设计的广州中山纪念堂和纪念碑采用"西式为里，中式为表"的设计理念，用先进的西方建筑技术和材料，表现中国古代建筑的式样，是极富中华民族特色的中国现代建筑。

他积极探索中国现代建筑之路，将中国传统建筑元素与西方建筑技术的理念相结合，为中国建筑的现代化发展提供了新的思路和方向，对后来的中国建筑师产生了深远影响。

（三）建筑精神

吕彦直在建筑设计中展现出卓越的中西融合创新精神。以中山陵为例，他巧妙地将中国传统建筑的中轴线对称布局、庑殿顶等元素与西方建筑的空间规划和建筑结构相结合。

陵墓主体建筑如祭堂等，采用中国传统建筑的形式，气势恢宏，庄严肃穆，体现了对中国传统建筑文化的尊重与传承。同时，在建筑的内部空间布局和一些功能性设施的设计上，融入了西方建筑注重实用性和舒适性的理念，使建筑既符合现代功能需求，又不失中国传统建筑的韵味。

他积极探索将中国传统建筑技艺与现代建筑技术相融合。在材料使用方面，他既运用了中国传统建筑材料如石材来展现建筑的古朴质感，又结合现代建筑材料如钢筋混凝土来确保建筑的稳固性和耐久性。例如在广州中山纪念堂的设计中，穹顶采用先进的钢结构技术，跨度巨大，能够承受巨大的重量，同时在外观上以中国传统建筑的八角形攒尖顶形式呈现，这种传统与现代技术的融合体现了他在建筑技术上的创新意识，推动了中国建筑行业的发展，促进了建筑理念的传播和建筑技术的进步。

四、贝聿铭

（一）生平简介

1964 年，贝聿铭（图 5-12）从众多名家竞争中脱颖而出，获得约翰·肯尼迪图书馆的设计权，1979 年该图书馆落成，是其成名之作。1968 年，他开始设计美国华盛顿国家艺术馆东馆，1978 年落成，被誉为 20 世纪 70 年代美国最成功的建筑之一。

1980 年，法国总统密特朗邀请贝聿铭翻修卢浮宫，他设计的玻璃金字塔起初遭法国社会舆论反对，但竣工后成为巴黎地标性建筑之一。1983 年，因美国国家艺术馆东馆和肯尼迪图书馆等设计，获得建筑界最高奖项普利兹克奖。

图 5-12 贝聿铭

1978 年，贝聿铭拒绝在故宫附近设计高层酒店，选择在香山设计饭店，1984 年香山饭店获得美国建筑师学会颁发的荣誉奖。1982 年，贝聿铭承接中国银行香港总部，1989 年大厦建成。2002 年，贝聿铭受邀设计苏州博物馆新馆，2006 年开馆，该馆体现了既现代又具有中国古典风格的特色。

（二）主要成就

华盛顿国家艺术馆东馆：该建筑于 1978 年落成，是贝聿铭的代表作之一。建筑造型独特，采用了三角形的平面布局，与老馆的古典风格形成鲜明对比，同时又通过材质和色彩的呼应实现了和谐统一。内部空间丰富多变，充满了艺术氛围，为现代建筑与古典建筑的结合提供了成功范例。

卢浮宫金字塔：1989 年建成的卢浮宫金字塔是贝聿铭的又一经典之作。他在卢浮宫的主庭院拿破仑庭院中设计了一座玻璃金字塔作为主入口。这座现代化的玻璃金字塔与卢浮宫的古典建筑相得益彰，为古老的卢浮宫注入了新的活力，成为巴黎的标志性建筑之一，

也展示了贝聿铭在处理历史建筑与现代设计关系方面的卓越能力。

中国银行香港总部大厦：1989年建成的中银大厦是香港的地标性建筑。大厦以简洁的几何造型和独特的结构体系著称，外观犹如竹子节节高升，象征着中国银行的蓬勃发展，同时也体现了中国传统文化中对坚韧和进取精神的追求。

（三）建筑精神

贝聿铭善于在现代建筑设计中融入传统文化元素。他认为建筑应该尊重历史和地域文化，同时也要适应现代社会的功能需求和审美趋势。例如，苏州博物馆新馆在整体布局上借鉴了中国传统园林的"院落式"布局，建筑材料上采用了传统的青瓦、木材等，并结合了现代的建造技术和材料，如钢结构和玻璃，使传统与现代相得益彰。

贝聿铭不断探索新的建筑形式、材料和技术，勇于创新和突破传统的设计理念。他的建筑始终以人的使用和感受为出发点，注重为人们提供舒适、安全、具有文化内涵的空间。无论是公共建筑还是私人住宅，贝聿铭都致力于创造出能够满足人们物质和精神需求的场所，体现了对人的尊重和关怀。例如，香山饭店的设计，在满足住宿、餐饮等功能的同时，通过营造宁静、优美的庭院环境和具有文化氛围的室内空间，为客人提供了舒适的居住体验。

【学习笔记】

复习思考题

1. 鲁班发明锯子的过程体现了哪些创新思维？这种创新思维对现代建筑设计有何启示？

2. 宇文恺设计的大兴城在功能分区上有何特点？这些特点对现代城市规划有哪些借鉴意义？

3. 李春设计的赵州桥采用了哪些独特的结构设计？这些设计如何体现当时建筑技术的先进性？

4. 喻皓设计开宝寺木塔时考虑了哪些自然环境因素？这种将建筑与自然环境结合的设计理念在当今建筑中有何应用？

5. 梁思成在保护中国古建筑方面做出了哪些重要贡献？我们应如何在现代城市发展中平衡古建筑保护与建设的关系？

6. 杨廷宝的建筑作品是如何融合中西方建筑风格的？这种融合对中国现代建筑发展有何影响？

7. 吕彦直设计的中山陵和广州中山纪念堂在建筑风格上有何共同之处？他的设计思想对中国建筑现代化有何推动作用？

8. 贝聿铭的苏州博物馆新馆是怎样将传统与现代相结合的？从他的设计中可以看出他对建筑与文化关系的哪些观点？

第六章 中国传统建筑遗产的保护和发展

第一节 建筑遗产的内涵

一、建筑遗产的定义

（一）广义与狭义的建筑遗产概念

建筑遗产是指在历史长河中遗留下来的，具有历史、文化、艺术、科学等价值的各类建筑及其相关环境。广义的建筑遗产包括所有具有历史价值的建筑作品及其环境，如宫殿、寺庙、民居、园林、宗庙、陵墓等。狭义的建筑遗产则特指那些被官方认定并列入保护名录的建筑，这些建筑通常在建筑史上具有重要地位，其独特的建筑风格、精湛的营造技艺以及所蕴含的深厚文化内涵，使其成为研究历史、传承文化的重要载体。

（二）与古建筑、历史建筑等概念的辨析

古建筑通常是指具有一定年代的古代建筑作品，侧重于建筑的时代属性。历史建筑则是在城市或乡村中具有一定保护价值，能够反映历史风貌和地方特色，未公布为文物保护单位，也未登记为不可移动文物的建筑物、构筑物。建筑遗产不仅包括古建筑和历史建筑，还涵盖了与之相关的街巷、园林、山水等环境要素，这些共同构成一个完整的文化生态系统。

二、建筑遗产的特征

（一）建筑形式与风格的多样性

在中国悠久的建筑历史长河中，建筑形式与风格的多样性是其显著特点之一。从秦统一六国后的标准化建筑实践，到汉代繁荣带来的建筑技艺与外来文化的融合；从魏晋南北朝时期佛教传播对寺庙、佛塔等宗教建筑的推动，到隋唐盛世中长安、洛阳等城市规划与建筑技艺的巅峰；再到宋元时期商品经济发展促进的市民建筑多样化与园林艺术的结合，直至明清时期建筑技艺与风格的总结与定型，这些历史事件不仅推动了建筑技艺的不断进步，还深刻地影响了建筑遗产的功能、风格与文化价值，使其成为反映历史变迁、文化传承与社会发展的重要载体。

1. 建筑形式与结构的多样性

中国古代建筑以其独特的木构系统为特征，如穿斗式、抬梁式、插梁式和井干式等不同的木构架形式，这些结构方式体现了适应不同地理环境和技术发展水平的多样性。如北方的四合院采用抬梁式结构（图6-1），而南方的水乡建筑则多采用穿斗式结构，以适应不同的气候和地理条件。

图 6-1　老北京四合院

2. 建筑类型的多样性

中国古建筑涵盖了多种建筑类型，每一种类型都有其独特的建筑风格和装饰特点。从宫殿、陵墓、庙宇、园林到民宅，这些建筑类型不仅在功能上各有不同，还在风格和装饰上各具特色。北京故宫作为明清两代的皇家宫殿，其建筑规划严谨，布局精美，融合了中国传统建筑和文化的精髓。而苏州园林则以其精致的园林艺术和独特的空间布局著称，体现了江南水乡的细腻与雅致。

3. 地域特色的多样性

中国地大物博，不同地区的自然环境和文化背景孕育了各具特色的建筑风格。北方的四合院、江南的水乡建筑、西南地区的干栏式建筑等，都展现了地域文化的多样性。

4. 屋顶样式的多样性

中国古代建筑的屋顶形式多样，如庑殿顶、歇山顶、悬山顶等，这些屋顶不仅具有实用功能，也体现了建筑的美学价值。庑殿顶是古代建筑屋顶等级中最高的形式，常用于宫殿和重要庙宇，而歇山顶则因其优美的曲线和丰富的层次感，广泛应用于各类建筑中。

5. 艺术装饰的多样性

中国传统建筑的艺术装饰非常重要，包括雕刻、彩绘、斗拱等。这些装饰不仅能够增加建筑的美感，还具有丰富的文化内涵。北京故宫的斗拱不仅在结构上起到了支撑作用，还在装饰上展现了精美的木雕工艺，每一组斗拱的层数、样式以及彩画图案都严格遵循等级制度，体现了严谨的建筑规范和深厚的文化内涵。

（二）高超的传统工艺

中国传统建筑不仅在形式和风格上具有多样性，还在材料和工艺的使用上展现了独特的智慧和技艺。这些传统工艺和材料的使用，不仅体现了古代工匠的高超技艺，还蕴含了丰富的文化内涵和历史价值。

1. 木作工艺

木作工艺是中国传统建筑中最重要的工艺之一，这些工艺包括建筑梁架构件装饰、外檐装饰和室内装饰。木作工艺不仅注重结构的稳定性和实用性，还在装饰上展现了精美的雕刻和彩绘。

2. 砖雕工艺

砖雕工艺主要用于建筑的外墙、门楼、照壁等部位。砖雕不仅具有装饰性，还反映了地方文化和民俗。徽派建筑中的砖雕，以其精美的图案和细腻的工艺著称，展示了砖雕在建筑装饰中的重要地位。

3. 石雕工艺

石雕工艺主要用于建筑的基础、柱础、台阶、栏杆等部位。石雕不仅具有结构上的支撑作用，还在装饰上展现了丰富的艺术表现力。云冈石窟的佛像雕刻，展示了石雕在建筑装饰中的独特魅力。

4. 彩绘工艺

彩绘工艺主要用于建筑的梁柱、斗拱等部位。彩绘不仅增加了建筑的美观性，还具有防潮、防腐的功能。北京故宫的彩绘，以其丰富的色彩和精美的图案著称，展示了彩绘在建筑装饰中的重要地位。

（三）文化价值的体现

1. 建筑遗产所承载的文化意义

中国传统建筑，作为中华民族悠久历史与灿烂文化的直观体现，其重要性远远超越了单纯的物质形态。它们不仅是物质文化遗产的瑰宝，更是精神文化遗产的宝库，承载着丰富的历史信息与文化内涵，是连接过去与现在的桥梁，也是传承和弘扬中华民族优秀传统文化的重要载体。

这些建筑通过其独特的结构、装饰、布局以及所使用的材料，无声地讲述着一个个历史故事，这些故事展现了古代中国人民的智慧、艺术追求和社会变迁。无论是宏伟壮观的宫殿庙宇，还是精巧别致的民居园林，都蕴含着深厚的文化底蕴，体现了中华民族对于和谐、自然、礼制、哲学等方面的独特理解和表达。

2. 传统建筑与地方文化的紧密联系

中国传统建筑与当地自然环境、人文景观和民俗风情之间存在着不可分割的紧密联系，这种联系使得每一座建筑都成为其所在地域文化特色的生动展现。这些建筑不仅仅是砖石木料的堆砌，更是地方文化的活化石，它们以独特的方式反映了当地人民的生活方式、宗教信仰、审美观念和社会结构。

更重要的是，这些传统建筑不仅作为文化的传承者，还扮演着文化创新与发展推动者的角色。它们为当地人民提供了灵感源泉，激发了新的艺术创作和文化活动的产生，促进了地方文化的持续繁荣与发展。在全球化日益加深的今天，这些具有鲜明地域特色的传统建筑，更是成为连接世界与中国的纽带，让世界更好地了解和欣赏中华文化的博大精深。

第二节　建筑遗产的价值要素

一、历史价值

（一）作为历史见证的作用

中国传统建筑作为历史的见证，承载着丰富的历史文化信息，是研究中国古代社会、经济、文化和技术发展的重要实物资料。这些建筑不仅记录了不同历史时期的社会变迁和技术进步，还反映了当时的政治、经济、文化、宗教等方面的内容。

每一座传统建筑都是其建造时代社会、经济、文化、技术等多方面状况的真实写照。从建筑材料的选择到建筑风格的演变，从建筑规模的宏大到细节装饰的精致，无一不反映了当时社会的生产力水平、审美趋向、宗教信仰乃至政治格局。古代宫殿的雄伟壮丽，不仅彰显了皇权的至高无上，也映射出当时国家经济的繁荣与工匠技艺的高超；而民间建筑的朴素实用，则更多地体现了普通民众的生活状态与价值观念。

传统建筑不仅是物质文化的保存者，更是非物质文化遗产的重要依托。许多传统习俗、节日庆典、宗教信仰和民间故事，往往与特定的建筑空间紧密相连，通过建筑的布局、装饰乃至名称得以传承。寺庙作为宗教活动的场所，不仅是信徒精神寄托的圣地，也是宗教教义、仪式和神话传说的传播中心；而家族祠堂则是维系宗族血缘关系、传承家族历史与道德规范的重要场所。

传统建筑还是社会记忆的载体，它们见证了社会的兴衰更替、家族的悲欢离合，承载着人们对过去生活的怀念与追忆。对于当地居民而言，这些建筑不仅仅是居住或活动的空间，更是情感与记忆的寄托，是身份认同与文化归属感的源泉。因此，保护传统建筑，就是保护一份珍贵的集体记忆，维护社区的文化连续性和社会凝聚力。

同样作为历史的见证，传统建筑对于现代社会的教育与启示意义同样重大。它们以其独特的魅力，激发着人们对历史的兴趣与思考，促使人们反思现代文明的发展路径，寻求人与自然、传统与现代之间的和谐共生之道。通过参观学习传统建筑，人们可以更直观地理解人类文明的多样性，增强文化自觉与文化自信，促进文化的交流与互鉴。

（二）跨时代的文化传承

中国传统建筑作为历史的见证，不仅记录了社会变迁和技术进步，还在跨时代的文化传承中发挥了重要作用。这些建筑不仅是历史的载体，更是文化的传承者。文化传承是指将传统文化的核心价值、知识和智慧代代相传，使其在当代社会得以延续和发展。传统建筑作为文化传承的重要载体，通过其独特的形式和风格，将历史、艺术、技术和社会价值观传递给后世。

1. 历史记忆的保存

传统建筑是历史的见证，记录了不同历史时期的社会变迁和技术进步。北京的故宫见证了明清两代的皇家生活和政治活动，是封建社会的象征；而西安的兵马俑则见证了秦朝的军事力量和统一事业（图6-2）。这些建筑不仅保存了历史的记忆，还为后世提供了研究历史的实物资料。

图6-2　兵马俑

2. 技术与艺术的传承

传统建筑展示了中国古代建筑技术的不断发展和进步。从早期的穴居和巢居，到后来的木结构、砖石结构，这些建筑技术的演变体现了古代工匠的智慧和创造力。斗拱的使用不仅增强了建筑的结构稳定性，还成为建筑装饰的重要元素，展示了古代建筑技术的高超水平。

3. 文化价值观的传递

传统建筑不仅在形式和结构上具有独特之处，还在文化价值观的传递上发挥了重要作用。四合院的布局体现了封建社会的等级制度和家庭伦理，而苏州园林则展示了文人雅士追求自然和返璞归真的生活情趣（图6-3）。这些建筑通过其设计和装饰，传递了古代社会的价值观和审美观念。

图6-3 苏州园林

4. 社会认同感的增强

传统建筑是地方文化的重要标志，增强了地方居民的认同感和归属感。苏州的园林、福建的土楼等，不仅是地方文化的象征，也是当地居民情感的寄托。这些建筑在现代社会中仍然具有重要的社会价值，成为地方文化传承的重要载体。

二、艺术价值

（一）材料、工艺与美学的表现

在传统建筑中，材料的选择、工艺的精湛以及美学的展现共同构成了其独特的艺术魅力。这些要素不仅影响着建筑的功能性和耐用性，更深刻地反映了当时社会的审美取向和文化内涵。本节将深入探讨传统建筑材料、工艺与美学的表现，旨在帮助学生理解传统建筑的艺术价值和文化意义。

传统建筑倾向于使用当地易得且可持续的自然材料，如木材、石材、泥土等。这些材料的选择不仅考虑了经济性和实用性，还体现了人与自然和谐共生的理念。木材因其良好的韧性和加工性被广泛应用于建筑结构中；石材则因其坚硬耐磨，常被用作基础或装饰元素。在某些文化中，特定材料还具有象征意义。比如在中国传统建筑中，红色木材象征着吉祥与尊贵，金色琉璃瓦则象征着皇权的至高无上。

传统建筑工艺往往历经数代匠人的传承与创新，形成了独特的技艺体系。如木雕、石雕、砖雕、彩绘等，这些工艺不仅要求匠人具备高超的技艺，还需要对材料有深刻的理解和把握。传统建筑工艺不仅仅是技术层面的展现，更是文化精神的体现。每一种工艺背后都蕴含着丰富的历史故事和文化寓意，如通过图案和符号传达吉祥、祈福等美好愿望。

传统建筑在追求形式美的同时，也注重功能性的实现。无论是建筑的布局、造型还是装饰，都力求在满足实用需求的基础上，达到审美上的和谐与统一。不同地区的传统建筑在美学展现上呈现出鲜明的地域特色，如江南水乡的白墙黛瓦、徽派建筑的马头墙、福建土楼的圆形结构等，这些独特的建筑风格不仅反映了当地的气候条件和生活方式，也成为地域文化的象征。随着时代的变迁，传统建筑的审美观念也在不断发展，从古代的庄重典雅到近现代的简约实用。传统建筑在保留传统元素的基础上，不断融入新的审美理念和技术手段，展现出更加多元和开放的美学风貌。

（二）重要建筑师与流派的影响

中国传统建筑在材料、工艺和美学方面都展现了极高的艺术价值。这些材料和工艺不仅体现了古代工匠的高超技艺，还蕴含了丰富的文化内涵和历史价值。同时，许多杰出的建筑师和流派通过他们的作品，不仅展现了高超的建筑技艺和独特的艺术风格，还对后世建筑艺术的发展产生了深远的影响。通过保护和传承这些传统建筑，我们不仅能够保留历史的记忆，还能为现代生活注入新的活力，增强文化自信。

1. 蒯祥与天安门

蒯祥是明朝著名的建筑师之一，他参加或主持了多项重大的皇室工程，如皇宫前三殿、长陵、献陵、北京西苑殿宇、裕陵等。他最著名的作品是天安门城楼，他被任命为皇宫重大工程的设计师，负责设计和施工承天门（即天安门）。蒯祥的建筑作品对中国古代建筑史产生了深远的影响，他的设计和施工技术体现了明代建筑的特点，特别是天安门城楼，成为中国的标志性建筑之一。

2. 宇文恺与隋唐建筑

宇文恺是隋朝著名的建筑师，一生受隋文帝杨坚任命，负责城市规划和建筑工程。他留下了多个著名工程，包括都城大兴城、新都洛阳城（图6-4）、仁寿宫、隋文帝皇陵和广通渠等。这些工程不仅在当时取得了重大成就，还具有划时代的意义。宇文恺的建筑作品代表了隋朝城市建筑的高峰，为中国的城市规划和建筑工程发展做出了重要贡献。

图 6-4　古代洛阳城

3. 喻皓与木结构建筑

喻皓是五代末、北宋初期的著名建筑师，他长期从事建筑实践，尤其擅长多层的宝塔和楼阁，他继承了前人的建塔技术，尤其是在建造木结构高塔方面更有创造性的发展。喻皓的建筑作品受到了当时社会的认可，他的建筑技术对后世的建筑师产生了一定的影响。

三、社会价值

（一）建筑遗产在社区中的角色

建筑遗产在社区中扮演着多维度的重要角色，不仅作为历史和文化的载体，还对社区的凝聚力、身份认同和可持续发展产生深远影响。

建筑遗产常常成为社区的聚会场所和地标，承载着集体记忆和社会交往。这些场所不仅是物理空间，更是社区成员情感和记忆的集中体现。苏州双塔街道的罗汉院与双塔，不仅是历史古迹，也是社区居民日常生活的中心，改造后的双塔市集更是人气旺盛，成为社区文化活动的重要场所。

建筑遗产也是社区身份和文化认同的重要象征。它们通过建筑的形式、装饰和历史背景，传递了社区的独特文化和价值观。就好像上海的石库门不仅是一种建筑形式，更是上海城市文化的重要标志，承载着上海普通居民的日常生活和邻里交往方式。保护和利用这些建筑遗产，有助于维持文化连续性和培养社区自豪感。

建筑遗产的保护和利用需要社区的广泛参与，这不仅有助于保护工作的可持续性，还能增强社区成员的归属感和责任感。在鼓浪屿的保护过程中，社区居民积极参与，通过各种形式的活动和项目，保护和传承了这一历史国际社区的文化遗产。此外，建筑遗产的保护还可以带动社区的经济发展，如通过文化旅游等方式，为社区带来经济收益，促进社区的可持续发展。

建筑遗产是社区教育和文化传承的重要平台。它们不仅为社区居民提供了了解历史和文化的窗口，还能激发年轻一代对传统文化的兴趣和热爱。许多社区通过组织建筑遗产参观、讲座和工作坊等活动，让居民特别是青少年了解和参与遗产保护工作。这种教育和传承不仅有助于保护建筑遗产，还能增强社区的文化凝聚力。

（二）对地方认同和社会稳定的贡献

建筑遗产不仅是历史的见证，更是文化的载体。它们通过建筑的形式、装饰和布局，传递了古代社会的价值观和审美观念。这些建筑遗产通过其独特的形式和风格，成为社区成员共同的文化记忆，增强了社区的凝聚力和归属感。不同地区的传统建筑反映了地方文化的独特魅力。北方的四合院、南方的水乡建筑、西南地区的干栏式建筑等，都展现了地域文化的多样性。这些建筑不仅适应了当地的气候和地理条件，还反映了地方文化的独特魅力。通过保护和利用这些建筑遗产，可以增强地方文化的认同感，促进文化传承。

苏州双塔街道的罗汉院与双塔，不仅是历史古迹，也是社区居民日常生活的中心。这些场所不仅是物理空间，更是社区成员情感和记忆的集中体现，有助于增强社区的凝聚力和稳定性。

四、经济价值

（一）文化旅游的经济效益

中国传统建筑遗产，如故宫、长城（图 6-5）、颐和园等，不仅是中华文明的瑰宝，也是世界文化遗产的重要组成部分。这些建筑以其独特的艺术风格、深厚的历史底蕴和精湛的工艺技术，吸引了无数国内外游客前来参观。它们不仅是文化交流的桥梁，更是推动地方经济发展的重要动力。

1. 直接经济效益

中国传统建筑遗产作为热门旅游景点，吸引了大量游客，带动了餐饮、住宿、交通等相关旅游产业的快速发展。这些直接增加了当地政府和企业的收入。围绕中国传统建筑遗产，衍生出了丰富的文化产品和服务，如纪念品、手工艺品、文化体验活动等。这些产品的销售不仅满足了游客的文化消费需求，也为当地创造了可观的经济收益。

2. 间接经济效益

中国传统建筑遗产的保护、修复、运营和管理等环节，需要大量专业人才和劳动力。

这不仅为当地居民提供了就业机会，还促进了相关产业链的延伸和拓展。随着中国传统建筑遗产旅游的兴起，相关产业如文化创意、旅游服务、数字技术等得到了快速发展。这些产业的升级不仅提高了旅游业的整体竞争力，还为地方经济注入了新的活力。中国传统建

图 6-5　长城

筑遗产往往位于历史文化名城或风景名胜区，其旅游经济的发展能够带动周边区域的协同发展。通过区域合作和资源整合，可以实现旅游资源的优化配置和共享，进一步提升整体经济效益。

（二）建筑保护与地方经济发展的关系

中国传统建筑遗产的保护和利用可以带动地方经济的发展，通过文化旅游、文创产业等方式，创造新的经济增长点。故宫博物院开发了大量文创产品，不仅增加了收入，还提升了文化影响力。同时，保护中国传统建筑遗产也有助于提升地方形象，吸引更多的投资和资源。广西梧州通过保护和开发历史建筑，推出了多条红色旅游精品线路，开展了红色经典沉浸式演出，带动了当地居民的就业，提升了地方的整体形象。此外，上海的杨浦滨江，被联合国教科文组织专家称为"世界仅存的最大滨江工业带"，星罗棋布的工业厂房已焕发出新的生命，成为健康、生态的"双创"街区。这些案例表明，中国传统建筑遗产的保护和利用不仅能够促进地方经济的发展，还能增强城市的国际影响力，为城市的可持续发展注入新的活力。

第三节　历史建筑整体保护原则

一、整体保护的理念与实践

（一）整体性与局部保护的区别

整体保护强调从整体上保护建筑遗产及其相关环境，不仅关注单体建筑，还关注建筑群落和周边环境。与局部保护相比，整体保护更能体现建筑遗产的完整性和历史价值。局部保护通常只关注单体建筑的保护，可能会忽视建筑与周边环境的有机联系，导致建筑遗产的文化内涵和历史氛围被削弱。整体保护则通过保护建筑群落和周边环境，维护建筑遗产的整体性和历史价值，使建筑遗产在更大的空间范围内得到有效的保护。

（二）保护环境与周边文化遗产的重要性

保护建筑遗产的环境和周边文化遗产，有助于维护建筑遗产的整体性和历史氛围。保护历史街区的街巷肌理和传统风貌，可以增强建筑遗产的文化内涵和历史感。具体来说，历史街区的街巷肌理和传统风貌是建筑遗产的重要组成部分，它们不仅反映了历史时期的规划和建设理念，还承载了社区居民的生活记忆和文化传统。通过保护这些环境要素，可以为建筑遗产提供一个完整的历史背景，使其在文化传承和社会发展中发挥更大的作用。

二、可逆性原则在保护中的应用

（一）修复与改建的可逆性要求

可逆性原则是建筑遗产保护中的重要原则之一，强调在修复和改建过程中，应尽量采用可逆的材料和技术，以便在未来能够恢复到原始状态。这一原则的核心在于确保任何修复和改建措施都不会对建筑遗产的原始结构和材料造成不可逆的损害，从而保持建筑的历史价值和文化内涵。

在修复古建筑时，应尽量使用与原建筑相同的材料和工艺。对于木结构建筑（图6-6），应使用相同种类的木材，并采用传统的榫卯结构进行修复，避免使用现代的钉子和胶水。对于砖石结构建筑，应使用相同质地和颜色的砖石，并采用传统的砌筑工艺。这样不仅能够保持建筑的历史风貌，还能确保修复后的建筑在结构上与原建筑保持一致。

在修复过程中，应避免使用不可逆的化学材料，如化学胶水、防水涂料等。这些材料可能会对建筑的原始材料造成不可逆的损害，影响建筑的结构安全和耐久性。化学胶水可能会渗透到木材内部，导致木材腐烂；防水涂料可能会堵塞砖石的孔隙，影响其透气性。因此，应尽量使用传统的天然材料，如石灰、桐油等，这些材料不仅能够达到修复效果，还能保持建筑的自然属性。

图 6-6　木结构建筑

在改建过程中，应尽量保留原有的结构和布局，避免对建筑的主体结构造成不可逆的破坏。对于传统四合院的改建，应保留其原有的院落布局和房屋结构，只在内部进行必要的现代化改造，如增加卫生间、厨房等现代生活设施。这样不仅能够保持建筑的历史风貌，还能满足现代生活的功能需求。

（二）避免对历史建筑的不当处理

在保护历史建筑时，应避免不当的处理方式，如过度修复、不当改造等。这些不当处理不仅会破坏建筑的历史价值，还可能对建筑的结构安全造成威胁。

1. 避免过度修复

在修复过程中，应避免使用现代材料和技术对建筑进行过度修复。过度修复可能会使建筑失去其历史风貌和文化内涵，变得过于现代化。对于古建筑的表面修复，应尽量保持其原有的磨损和老化痕迹，这些痕迹是建筑历史的见证，具有重要的文化价值。修复的重点应放在结构安全和功能恢复上，而不是外观的全新化。

2. 保持历史风貌和文化内涵

在修复和改建过程中，应充分考虑建筑的历史价值和文化意义，保持其历史风貌和文化内涵。对于传统建筑的装饰元素，如木雕、砖雕、石雕等，应尽量保留其原有的样式和工艺，避免进行现代化的改造。这些装饰元素不仅具有艺术价值，还反映了当时的社会文化和审美观念。

3. 避免不当改造

在改建过程中，应避免对建筑进行不当改造，确保任何改造措施都不会对建筑的主体结构和历史价值造成不可逆的损害。对于历史建筑的内部改造，应避免拆除原有的承重结构，避免在建筑内部进行大规模的开挖和重建。任何改造措施都应经过严格的评估和审批，确保其符合保护原则和标准。

三、功能适应性与现代化应用转型

（一）传统建筑的现代化转型

传统建筑的现代化转型是建筑遗产保护的重要内容之一。通过合理利用现代技术和材料，使传统建筑在满足现代功能需求的同时，保留其历史风貌和文化内涵。在传统建筑中引入现代的照明、通风和空调系统，提高建筑的使用舒适度，同时保持建筑的历史风貌。此外，还可以通过合理规划和设计，使传统建筑适应现代的使用功能，如将传统建筑改造成博物馆、文化中心等。

在传统建筑中引入现代技术与材料，可以提高建筑的使用舒适度和功能性。使用现代的照明系统可以增强建筑的夜间效果，使用通风和空调系统可以改善室内环境质量。同时，这些现代技术的应用并不会对建筑的历史风貌造成破坏，反而可以提升建筑的使用价值和文化价值。

通过合理规划和设计，使传统建筑适应现代的使用功能。将传统建筑改造成博物馆、文化中心、艺术展览馆等，不仅能够满足现代生活的功能需求，还能保留建筑的历史风貌和文化内涵。这种转型不仅提升了建筑的经济价值，还增强了社会公众对建筑遗产的保护意识。

（二）保护与利用相结合的成功案例

保护与利用相结合是建筑遗产保护的重要策略之一。通过合理利用建筑遗产，不仅可以实现其经济价值，还可以增强社会公众对建筑遗产的保护意识。以下是一些成功的案例。

1. 北京 798 艺术区

北京 798 艺术区通过保护和利用旧工业建筑，将其改造成艺术展览、创意工作室和文化活动场所，不仅实现了建筑遗产的经济价值，还增强了社会公众对建筑遗产的保护意识。798 艺术区的成功在于它将旧工业建筑的历史价值与现代艺术和创意产业相结合，形成了一个充满活力的文化创意社区。

2. 上海武康大楼

上海的武康大楼通过保护性修缮，不仅保留了历史风貌，还增设了房屋安全管理的信息监控系统（图6-7）。如今，这座造型独特、气质超群的大楼已经成了现象级的流量担当，漫步武康大楼，人们可以在"国潮风"的店铺里品尝网红雪糕，可以在怀旧感强烈的咖啡馆小坐，或走进音乐书店听听黑胶唱片。这不仅提升了社区的文化氛围，还增强了居民的文化自豪感。

图 6-7　上海武康大楼

3.岭南建筑的现代性转型

岭南建筑在现代性转型中，注重对功能的重视和对旧有形式的革新（图 6-8）。在当代经济、文化、科技全球化的背景下，岭南建筑通过引入现代技术和材料，实现了功能与审美的平衡，既保留了传统建筑的历史风貌，又满足了现代生活的功能需求。

图 6-8　岭南建筑

第四节　中国传统建筑的未来发展

一、保护与发展的双重挑战

（一）城市化与现代化的压力

城市化和现代化进程对传统建筑遗产保护带来了巨大压力。随着城市的发展和现代化建设的推进，许多传统建筑面临着被拆除和改造的风险。此外，现代化建设对传统建筑遗产的环境和周边文化遗产也造成了破坏，削弱了建筑遗产的文化内涵和历史氛围。

1. 城市更新中的拆除与改造

在城市更新过程中，许多历史街区和传统建筑被拆除，取而代之的是现代化的高楼大厦。这种现象在许多城市中普遍存在，导致许多具有历史价值的建筑被破坏。定海古城的古街在"旧城改造"中遭到了破坏，这与当时舟山市相关领导的决策有一定关系。在"旧城改造"的名义下，舟山市以广大居民要求改善居住环境、城市面貌需要更新、土地资源紧缺等为由，拆毁了大片古街区。旧城区中的北大街、前府街、陶家弄等几条街道上许多连接成片的深宅大院被拆毁，建起了现代建筑，定海古城的名城风貌元气大伤。当时的拆毁行为引发了社会各界的广泛关注和反对，专家、文物考古人员以及法律专家等都认为这是一起严重的违法事件，应当追究有关人员责任。这类事例在全国并不罕见，许多历史名城、名街正在遭受被推土机铲掉、被大铁锤毁掉的悲惨命运。

2. 现代化建设对环境的影响

现代化建设不仅对传统建筑本身造成破坏，还对其周边环境和文化遗产造成了负面影响。一些城市在进行大规模的房地产开发和基础设施建设时，忽视了对历史建筑的保护，导致历史街区的街巷肌理和传统风貌被破坏。这不仅削弱了建筑遗产的文化内涵和历史氛围，还影响了城市的整体形象和文化特色。

3. 政策与管理的不足

在城市化和现代化进程中，一些地方政府和相关部门对传统建筑遗产保护的意识不足，缺乏有效的政策和管理措施。一些城市在旧城更新和房地产开发中，不切实际地搞所谓大手笔、大气魄，进行大拆大建，过度开发。这种建设性的破坏导致有些历史文化名城面目全非，失去原有的文化韵味。

4. 公众参与度低

公众对传统建筑遗产保护的参与度低，也是导致保护工作难以有效开展的重要原因之一。许多居民对传统建筑的价值认识不足，缺乏保护意识。在北京，关于胡同该不该拆、要不要保护的问题，常常引发争议。一些人强调要保护，而另一些人则指责保护工作不关心群众生活。这种分歧不仅影响了保护工作的推进，还可能导致社会矛盾的加剧。

5. 国际经验与启示

在国际上，许多国家已经形成了较为成熟的历史建筑保护体系。俄罗斯圣彼得堡法律规定，涅瓦大街的建筑不准拆，尽管内部可以进行现代化装修，但外观不许作一丝一毫改变。这些国家的经验表明，通过严格的法律法规和有效的管理措施，可以在城市化和现代化进程中有效保护传统建筑遗产。

（二）经济发展与文化保护的平衡

经济发展与文化保护之间的平衡是传统建筑遗产保护的重要挑战之一。在经济发展过程中，如何实现经济利益与文化保护的平衡，是传统建筑遗产保护的关键问题。在旅游开发过程中，如何避免过度开发对建筑遗产造成破坏，同时实现经济利益的最大化，是需要解决的重要问题。此外，还需要通过合理的政策和管理措施，实现经济发展与文化保护的良性互动。

1. 正确认知文化遗产的价值

对于文化遗产的价值要有一个正确的认知。因为，对于文化遗产的保护和态度是建立在对其价值的认识和判断基础上的，而这种认识和判断又与其所处时代和社会背景下人们的价值取向分不开。文化遗产不仅记录着我们的过去，而且存在于今天人们的生活中，它为人类未来的发展提供借鉴和有益的参考。文化遗产与人的生活息息相关，它应是动态的、发展的，有着不同时代的印痕。所以，保护文化遗产应该更重视遗产与人之间的血脉关系，关注他们之间的真实状态。

2. 合理把握保护与利用的关系

合理把握文化遗产保护和利用之间的关系，不管是保护还是利用，都要有一个合适的度。在一个浮躁的社会风气下，人们往往容易走极端，考虑眼前多，对于长远想得少。今天，很多人在谈文化遗产的保护或是利用时，往往采用了极端的方式，有时候甚至超越了其自身的讨论范围。实际上，发展经济与保护文化遗产两者之间的矛盾虽然是客观存在的，但并非不可逾越。

3. 政策与管理措施的支持

各地应加大对文化遗产保护的财政投入。可以设立专项保护资金，用于文物修缮、遗址保护、人才培养等工作。鼓励社会资本参与文化遗产保护，也可以通过税收优惠等政策引导企业和个人"认领"和投资文化遗产保护项目。以山西忻州为例，当地政府与五台山景区累计投入 16.3 亿元，分两个阶段将五台山核心区 12 个村庄、975 户、2700 多人搬迁至核心景区外，有效消除了核心景区城镇化、商业化过度扩张对文化景观的影响。

4. 提高社会公众的参与度

提高社会公众的参与度是推进文化遗产保护工作的关键。应加强文化遗产保护的宣传教育工作，通过加强中学和大学课程有关历史文化遗产保护课程教育，提高公众对文化遗产价值的认识和法律保护意识，让更多的人了解文化遗产的保护意义，让地方政府树立保护文化遗产既是发展、也是政绩的科学理念，依法处理好经济社会发展和历史文化遗产保护的关系，切实做到在保护中发展、在发展中保护。

二、技术创新在保护中的推动作用

（一）数字化技术在保护中的应用

数字化技术在建筑遗产保护中具有重要作用。通过数字化技术，可以实现建筑遗产的数字化记录、监测和管理，提高保护工作的科学性和有效性。通过三维激光扫描技术，可以对建筑遗产进行高精度的数字化记录，为修复和保护提供准确的数据支持。此外，还可以通过虚拟现实和增强现实技术，为公众提供沉浸式的参观体验，增强社会公众对建筑遗产的了解和认识。

三维激光扫描技术是数字化记录建筑遗产的重要手段。这种技术可以生成高精度的三维模型，记录建筑的每一个细节，为修复和保护工作提供准确的数据支持。上海交大建筑文化遗产保护国际研究中心主任曹永康团队使用照片建模技术，可以成功复原被毁坏的历史建筑，同时使用 HBIM（历史建筑信息模型）等前沿技术建立历史建筑档案数据库及动态管理台账，掌握文物建筑和历史建筑使用动态。

虚拟现实（VR）和增强现实（AR）技术为公众提供了沉浸式的参观体验。通过这些技术，公众可以身临其境地感受建筑遗产的历史和文化价值。一些博物馆和历史遗址已经应用 VR 技术，让游客在虚拟环境中参观古建筑，了解其历史背景和建筑细节。

数字化展示技术不仅能够提高建筑遗产的展示效果，还能扩大其传播范围。通过数字测绘、三维建模、虚拟现实场景等技术，可以实现建筑遗产的数字化展示，达到仅靠文字和图片难以达到的传播效果。中轴线建筑遗产的数字化展示项目，通过数字技术全方位还原古建筑的完整构造与细节，并将古建筑的历史浓缩其中。

（二）新材料与新技术的影响

新材料和新技术在建筑遗产保护中也具有重要作用。通过合理利用新材料和新技术，可以提高建筑遗产的保护效果和使用寿命。

新型防水材料和防腐材料可以有效防止建筑遗产的渗漏和腐蚀，延长其使用寿命。浙江大学张秉坚教授团队开发出一种新的渗透性镁基无机黏结材料，并成功应用于杭州西泠印社"印泉"摩崖题刻的抢救性修缮中，对濒危石刻进行稳固处理。这种材料在南方潮湿环境中的石质文物修复保护中表现出独特的兼容优势。

新型修复技术可以实现对建筑遗产的精准修复，保持其历史风貌和文化内涵。便携式 X 射线技术可以用于评估木骨泥塑文物内部结构的稳定性，形成适用于不同尺寸彩塑的 X 射线成像工作流程和最优实验参数阈值，建立彩塑历史干预过程中内部修复工艺和材料重新认知的新方法。

非侵入性保护技术可以减少对建筑遗产的物理干预，保护其原始状态。电子束辐照作为一种非侵入性保护技术，可以杀灭纺织品文物的霉菌，保护其结构和材料。这种技术在实验中选择与纺织品文物相近的棉、麻、丝等模拟样品，采用扫描电镜、傅里叶红外光谱、机械性能测试和色度测试等，综合分析辐照前后纺织品中蛋白质或纤维素的结构变化，探究纺织品辐照的损伤机理。

三、政策与管理框架的构建

（一）现行保护政策的评估

现行保护政策在建筑遗产保护中发挥了重要作用，但也存在一些不足之处。一些保护政策缺乏具体的操作细则，导致在实际执行过程中存在困难。此外，一些保护政策对现代化建设的适应性不足，难以应对城市化和现代化进程带来的挑战。因此，需要对现行保护政策进行全面评估，找出存在的问题和不足，为政策的修订和完善提供依据。

现行保护政策在实际执行中面临诸多困难。保护方案和措施往往集中在技术手段本身，忽视了保护目标的重要性，导致目标性的淡漠、固化甚至缺失。重手段而轻目标，既是缺乏思考的习惯性使然，又是社会集体性理论缺陷导致的。

一些保护政策对现代化建设的适应性不足，难以应对城市化和现代化进程带来的挑战。日常保养与管理经费落实不到位，建筑遗产的保护非一朝一夕，预防性保护框架下更强调日常保养的重要性。现有国家和地方层面可以申请立项、获得省拨或国拨经费支持的项目类别有保护规划项目、本体修缮工程、环境整治工程等，但仍缺少建筑遗产日常保养的专项资金支持制度。

（二）国内外案例的启示与借鉴

国内外许多成功的建筑遗产保护案例为我们提供了宝贵的启示和借鉴。这些成功案例为我们提供了有益的借鉴，有助于我们完善保护政策和管理措施，实现建筑遗产的可持续保护和利用。

1. 意大利威尼斯的保护经验

意大利的威尼斯通过严格的保护政策和科学的管理措施，成功保护了其丰富的建筑遗产，成为世界著名的旅游胜地。威尼斯的保护管理规划（CMP）提供了综合考虑从保护到利用的系统思维，确保遗产的价值在未来的使用和发展中得以保留。

2. 日本京都的社区参与和公众教育

日本的京都通过社区参与和公众教育，增强了社会公众对建筑遗产的保护意识，实现了建筑遗产的有效保护和合理利用。京都的保护措施不仅包括技术手段，还强调社区居民的参与和公众教育，通过多种方式提高社会公众的保护意识。

3. 中国零陵古城的保护管理

零陵古城（图 6-9），亦称永州古城，公元前 124 年开始修建，至今有 2100 多年历史。零陵是一座具有悠久历史的古城，人杰地灵、山水交融，同时拥有深厚的文化底蕴。通过对零陵古城建筑遗产的保护与管理，梳理出一条符合当地遗产管理保护特点的管理流程和框架模式，为民族文化遗产国家级、省级、地市级遗产保护与管理提供理论性借鉴。

图 6-9　零陵古城

四、国际合作与文化交流

（一）国际社会在建筑遗产保护中的角色

国际社会在建筑遗产保护中扮演着重要角色。通过国际合作和交流，可以引进先进的保护理念和技术，提高我国建筑遗产保护的水平。联合国教科文组织通过世界遗产公约，为全球建筑遗产保护提供了重要的指导和支持。此外，国际组织和非政府组织通过开展各种保护项目和活动，为我国建筑遗产保护提供了资金和技术支持。

联合国教科文组织（UNESCO）致力于推动各国在教育、科学和文化领域开展国际合作，以此共筑和平。他们的项目有助于实现 2015 年联合可持续发展目标。联合国教科文组织通过《保护非物质文化遗产公约》和《保护和促进文化表现形式多样性公约》，形成了一个保护世界文化的多样性，并把遗产的保护和世界的可持续发展紧密地联系在一起的新的遗产保护与人类发展的系统。

国际古迹遗址理事会（ICOMOS）是成立于 1965 年的非政府组织，致力于世界范围的文化遗产保护工作。ICOMOS 聚集了 10 000 多名专家，他们为保护理论的国际宪章与建议以及实际保护项目提供支持。ICOMOS 通过举办学生研讨会、提供奖学金等，让更多年轻人对保护文化遗产产生兴趣。

（二）中外文化交流对传统建筑保护的影响

中外文化交流对传统建筑保护具有重要影响。通过文化交流，可以增强社会公众对传统建筑遗产的了解和认识，提高其保护意识。通过举办国际建筑遗产保护研讨会和展览，展示我国传统建筑遗产的保护成果和经验，增强国际社会对我国传统建筑遗产保护的关注和支持。此外，还可以通过文化交流，引进国外先进的保护理念和技术，促进我国传统建筑遗产保护事业的发展。

国际建筑遗产保护研讨会和展览为中外文化交流提供了重要平台。2022 年在南京举办的"保护科学——第四届建筑遗产保护技术国际学术研讨会"促进建筑遗产保护理论和科学技术的学术交流。这些研讨会不仅展示了我国在建筑遗产保护方面的最新成果，还促进了国际合作与交流。

文化交流通过多种方式提高社会公众的保护意识。2023 年，虚拟现实、增强现实等数字技术，以全景式、沉浸式文化体验，让远在千里的受众能身临其境地感知异国文化魅力。这种数字科技的应用不仅拓展了文化交流的新空间，还增强了公众对传统建筑遗产的保护意识。

国际合作项目在建筑遗产保护中取得了显著成效。上海市方塔园何陋轩文物保护工程获得了联合国教科文组织亚太地区文化遗产保护奖。这些项目不仅展示了国际合作在建筑遗产保护中的重要性，还为其他地区的保护工作提供了有益的借鉴。

【学习笔记】

复习思考题

1. 请简述建筑遗产的定义，并区分其与古建筑、历史建筑概念的差异。

2. 中国传统建筑在形式与风格上有哪些多样性表现？

3. 中国传统建筑遗产所体现的文化价值有哪些？

4. 请列举中国传统建筑中几种主要的传统工艺，并说明其特点。

5. 简述建筑遗产在社区中的角色以及对地方认同和社会稳定的贡献。

6. 请说明历史建筑整体保护原则中的整体性保护与局部保护的区别。

7. 在建筑遗产保护中，可逆性原则具体有哪些要求？

8. 传统建筑实现现代化转型有哪些途径？

9.城市化与现代化进程给传统建筑遗产保护带来了哪些压力?

10.数字化技术在建筑遗产保护中有哪些应用?

参考文献

[1] 梁思成 . 中国建筑史 [M]. 天津：百花文艺出版社，2023.

[2] 丁沃沃，胡恒 . 建筑文化研究 [M]. 北京：中央编译出版社，2009.

[3] 侯幼彬 . 中国建筑美学 [M]. 哈尔滨：黑龙江科学技术出版社，1997.

[4] 王晓华 . 中国古建筑工程技术系列丛书——中国古建筑构造技术 [M]. 北京：化学工业出版社，2013.

[5] 彭一刚 . 建筑空间组合论 [M]. 北京：中国建筑工业出版社，1998.